HANDMADE ACCESSORIES BOOK

设计师款时尚小饰品150种

日本宝库社　编著
如鱼得水　译

河南科学技术出版社
· 郑州 ·

前言

珍珠、串珠、丝线、UV 胶、热缩片、水引线……
本书使用了各种各样的素材，
介绍了各种时尚首饰的制作方法。

在想要一个好心情的时候，佩戴多彩的首饰；
在想看起来更成熟时，佩戴雅致的珍珠首饰。
既有日常佩戴的首饰，
也有适合搭配礼服或者正式场合佩戴的首饰。
当然，也有适合搭配传统服装的首饰。
365 天，不同的场合，佩戴不同的首饰，
一共准备了 150 款供您选择。

还可以稍加变化，彰显个人风格，
或者换个颜色，
这是手工制作最大的好处。

根据当天的心情，
一起制作可以珍藏一生的首饰吧。

目录

基本工具 **010**
BASIC TOOLS

基本材料 **011**
BASIC MATERIALS

Part 1	串珠和珍珠	*BEAD&PEARL*

09

缤纷夏色耳坠、手链 **027**

制作方法：**028**

10

大方珠和小珍珠组成的
耳坠 **027**

制作方法：**029**

11

大圆圈和闪亮珠子耳坠 **027**

制作方法：**029**

12

金属棒和水晶长链耳坠 **027**

制作方法：**029**

13

珍珠和镶钻金属圈耳环、
项链 **030**

制作方法：**031**

14

简约蝴蝶结和棉花珍珠长项
链、手链 **032**

制作方法：**034**

15

树叶和珍珠胸针 **033**

制作方法：**035**

16

链子流苏和珍珠别针 **033**

制作方法：**036**

17

双层细手链和珍珠细项链 **037**

制作方法：**038**

18

珍珠项链和手链 **037**

制作方法：**038**

19

花枝耳坠和发饰 **040**

制作方法：**042**

20

珍珠花球耳钉 **041**

制作方法：**044**

21

珍珠项链、耳钉 **046**

制作方法：**047**

Part 2	UV 胶小饰品	*UV ADHESIVE*

Part 3	热缩片首饰	*HEAT SHRINK SHEETS*

Part 4	流苏	*TASSEL*

01

七彩流苏耳坠　**080**

制作方法：**082**

02

长流苏耳坠　**081**

制作方法：**088**

03

花式流苏耳夹　**085**

制作方法：**086**

Part 5	刺绣	*EMBROIDERY*

01

毛茸茸刺绣耳饰　**090**

制作方法：**091**

02

创意刺绣项链　**093**

制作方法：**094**

03

时尚刺绣耳饰　**096**

制作方法：**097**

04

几何图案刺绣发卡　**096**

制作方法：**098**

05

方形刺绣胸针　**099**

制作方法：**100**

06

花朵刺绣胸针　**099**

制作方法：**101**

07

绣线圆环胸针　**099**

制作方法：**102**

Part 6	布花	*CLOTH FLOWER*

Part 7	刺子绣	SASHIKO

Part 8	水引线	MIZUHIKI

享受手作
乐趣吧！

基本工具

BASIC TOOLS

① 平嘴钳	② 圆嘴钳	③ 斜嘴钳
这种钳子的尖端是平的，折弯金属丝和零部件时使用。	这种钳子的尖端是圆的，卷起金属丝和零部件时使用。	剪断金属丝和零部件时使用。
④ 竹签	⑤ 锥子	⑥ 镊子
用于粘贴较小的零部件，涂抹黏合剂时使用。	扩大链环时使用。	用来夹细小的零部件时很方便。
⑦ 手动打孔器	⑧ 剪刀	⑨ 黏合剂
在零部件或硬化的UV胶上打孔时使用。	剪布和线时使用。	粘贴零部件时使用。如果有万能胶，会很方便。

基本材料

BASIC MATERIALS

金属环

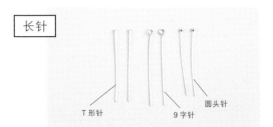

圆环　三角环　C形环

连接小零部件时使用。用平嘴钳和圆嘴钳开闭。圆环是正圆形的，C形环是椭圆形的，三角环是三角形的。

长针

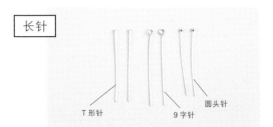

T形针　9字针　圆头针

主要在穿小珠子、组装小零部件时使用。9字针可以连接各种零部件。

链子

主要用来做项链和手链。有各种形状的链子。

金属扣合件

板扣　OT扣　搭扣　龙虾扣

安装在零部件的末端，制作方便摘戴的首饰。

耳饰部件

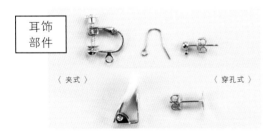

〈夹式〉　〈穿孔式〉

制作耳饰时使用的耳钉、耳夹、耳钩等部件。虽然书中的制作方法中，没有说明制作的耳饰是哪一种类型，但只要是同类型的东西，都可以进行制作。

莲蓬头金属部件

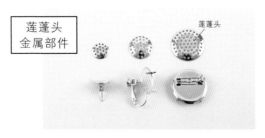

莲蓬头

这是搭配有带孔的莲蓬头的金属部件。可以用天蚕丝或金属丝在莲蓬头上面固定珠子等小零部件。

人造珍珠

有树脂珍珠、玻璃珍珠和棉花珍珠等各种仿珍珠。形状除了圆形，还有水滴形和巴洛克风的。

串珠

有捷克珠、玻璃珠、天然宝石等各种类型及各种形状的珠子。

金属零件

金属材质的零件。有各种各样的造型，请选择合适的使用。

金属圈

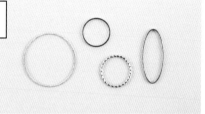

金属材质的环状零件。可以穿上珠子或用金属丝缠绕，做成小饰品。

底座

平形

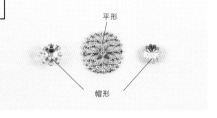

帽形

装在珠子两端，或直接用作底座。分帽形和平形两种。

人造水晶

中间镶嵌着的人造水晶，散发出独特的光芒。

天蚕丝

用来穿珠子，也可以进行编织。号数越大线越粗。

金属丝

用涡卷式固定或交叉式固定的方法，将珠子和其他零部件组合在一起时使用。本书主要使用的是＃28、＃26。

Part 2 | UV 胶小饰品 | UV ADHESIVE

A. UV 胶

一种凝胶状液体，放入ＵＶ灯中照射会凝固。

B. UV 灯

如果把UV胶放进去用蓝光照射，ＵＶ胶就会凝固。根据作品的大小和厚度，硬化的时间有所不同。

C. 硅胶模具

确定所浇注的UV胶的式样。模具上的形状即首饰的形状。

Part 3 | 热缩片首饰 | HEAT SHRINK SHEETS

A. 热缩片

热缩片是使用烤箱加热时会收缩的半透明板。在本书中用的是3ｍｍ厚的热缩片。

B. 烤箱

用于给热缩片加热。

C. 厚书

放在加热后的热缩片上，使其变得平整。

D. 砂纸

用砂纸在热缩片上打磨，会使热缩片平面变毛糙，从而使其方便着色。

E. 丙烯颜料

给热缩片上色用。

F. 彩铅

给热缩片上色用。

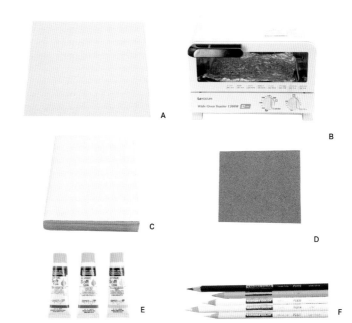

Part 4 | 流苏 | TASSEL

A. 线

用于流苏的穗子部分。在本书中，使用的是腈纶、人造丝等桄线。

B. 钢丝绳

用来系流苏。

C. 梳子

用于整理流苏的穗子。

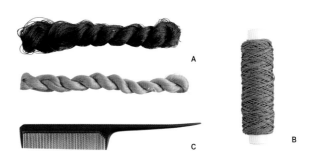

Part 5 | 刺绣 | EMBROIDERY

A. 绣绷

把布拉紧，使布更容易刺绣。
不织布则不需要此物，可直接做刺绣。

B. 刺绣线（25 号刺绣线）

用于刺绣的线。一束线由6根细线组成，使用时抽取所需的根数。

C. 刺绣针

刺绣用的针。针鼻儿较大，方便穿线。

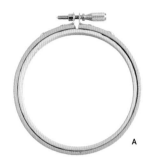

Part 6 | 布花 | CLOTH FLOWER

A. 布（花朵用布）

I…薄绸布（中）（指涂抹糨糊的量适中）、
II…薄绸布（硬）（指涂抹糨糊较厚）、
III…棉布、IV…精纺细布、V…天鹅绒布

本书所用布料。根据所要制作的花，使用合适的布料。

B. 汤匙

计量染料。

C. 白盘

用于溶解染料。

D. 花艺用染料

用来染布花的粉末染料。

E. 笔刷

在布上涂色时使用。

F. 仿真花蕊

用来制作花蕊。剪断使用。

G. 报纸

染色时使用。

H. 书法纸

晾干染好的布或晕染色彩时，将书法纸垫在下面。

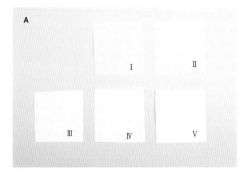
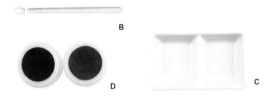

I. 硬化剂（喷雾型）

在布花完成之后喷涂，可以固定形状，并有防水作用。

J. 烫花垫

烫花时用的垫板，裹上棉布等再使用。

K. 烫花器 / L. 烫镘

I… 半球镘 3 分、II…半球镘 5 分、
III…极小瓣镘、IV…大瓣镘、
V…极小新 1 筋镘、VI…大铃兰镘

把加热后的烫镘放在布花上，烫出弧度，惟妙惟肖。

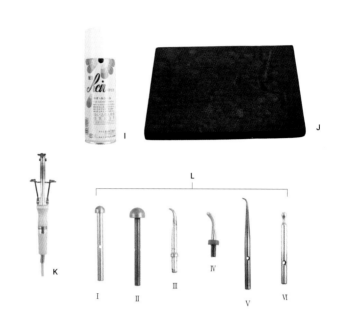

Part 7 　刺子绣　SASHIKO

A. 布（刺绣布）

做小巾绣的布。布格容易数、纵横布纱比例相同的布比较合适。

B. 小巾绣线

做小巾绣用的线。也可使用 25 号刺绣线。

C. 小巾绣针

做小巾绣用的针。

D. 防脱线液

在布的周边涂抹，可防止布边脱线。

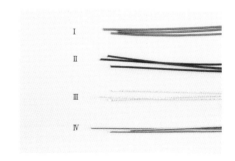

Part 8 　水引线　MIZUHIKI

A. 水引线

I… 花水引（用人造丝线制成）、
II…绢水引（用人造丝线制成）、
III…雅水引（在普通水引线上缠绕细金线或细银线制成的水引线）、
IV…特光水引（光滑并有光泽感的水引线）

水引线是用和纸做成的细绳，将其组合在一起，制作绳结。

圆环的使用方法

1 用平嘴钳和圆嘴钳夹住圆环接口的两侧。

2 让接口前后错开，打开圆环。

3 将需要连接的零部件穿上。

4 和步骤**2**相似，用钳子将圆环的接口闭上。

长针的使用方法

 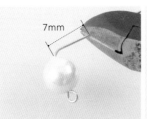  

折弯

7mm

1 将长针插到珠子的孔里，用钳子折弯成直角。

2 留7mm，用斜嘴钳剪断。

3 用圆嘴钳夹住端头，弯成圆圈。

4 两端的圆圈环状一致。连接零部件时，用钳子再把它拉开。

剪断链子的方法 **扩大链环的方法**

  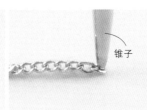 

锥子

用斜嘴钳的尖端夹住需要剪断的地方，剪断。

1 链环较小的话，不容易连接圆环等零部件。

2 将锥子插入链环，将其撑大。

3 链环变大了。

涡卷式固定

折弯

缠绕2圈

剪断

1 穿上珠子，把长针折弯成直角。

2 用圆嘴钳夹住长针，弯一个圆圈。

3 用平嘴钳夹住长针尾端，将其在圆圈底部缠绕2圈。

4 用斜嘴钳剪掉多余的部分。

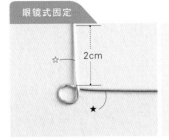

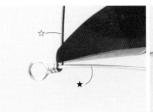

1 用圆嘴钳夹住金属丝，在其一端2cm处弯一个圆圈。

2 用平嘴钳夹住圆圈，用☆缠绕★，在圆圈底部缠绕2圈。

3 用斜嘴钳剪断☆。

4 将金属丝穿入珠子，用圆嘴钳在上端弯一个圆圈。

5 和步骤**2**的方法相同，用金属丝缠绕2圈。用斜嘴钳剪掉多余的金属丝。

6 按照步骤**1**的方法再做一个圆圈，穿到步骤**4**的圆圈中。

7 和步骤**2**、**3**相同，将金属丝一端缠绕2圈后用斜嘴钳剪断。

8 另一端按照步骤**4**、**5**操作。

1 将珠子穿上金属丝，用平嘴钳将金属丝扭着缠绕3圈。

2 夹住金属丝一端，用斜嘴钳剪断。

3 用平嘴钳夹住金属丝，在其上端弯一个圆圈。如果需要连接链子，此处将链子穿在金属丝上。

4 用金属丝在圆圈下方缠绕3圈，剪掉多余的金属丝。

5 用平嘴钳将缠绕扭转的地方夹平整。

6 完成。

1 在厚描图纸上描绘纸型轮廓。

2 沿轮廓剪下。

3 将剪下的纸型放在布上，用铅笔或描图笔沿着边缘描绘。

4 沿着描绘的线条剪下布块。

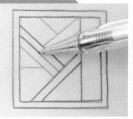 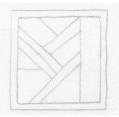 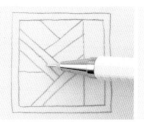 

1 在描图纸上描绘图案。

2 将手工艺用复写纸放在布上，然后放上描绘好图案的描图纸。上面放上玻璃纸。

3 自动铅笔的笔芯不用出来，沿着图案描绘。也可以用没有油墨的圆珠笔描绘。

4 布上出现了图案。

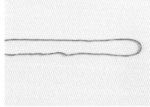   

1 刺绣线是6根一股的，需要根据书中所需要的根数来抽取。

2 将刺绣线对折，用针将线一根一根挑起。

3 一根一根抽出来。

4 如果需要2根，就抽出2根，然后合为一股使用。

1 将刺绣线对折，将刺绣针放在折弯处。

2 用手指捏住刺绣线，用力抽出刺绣针。

3 将刺绣线折弯处穿入针鼻儿，折叠着穿入。

4 将其中一端的线头拉出。

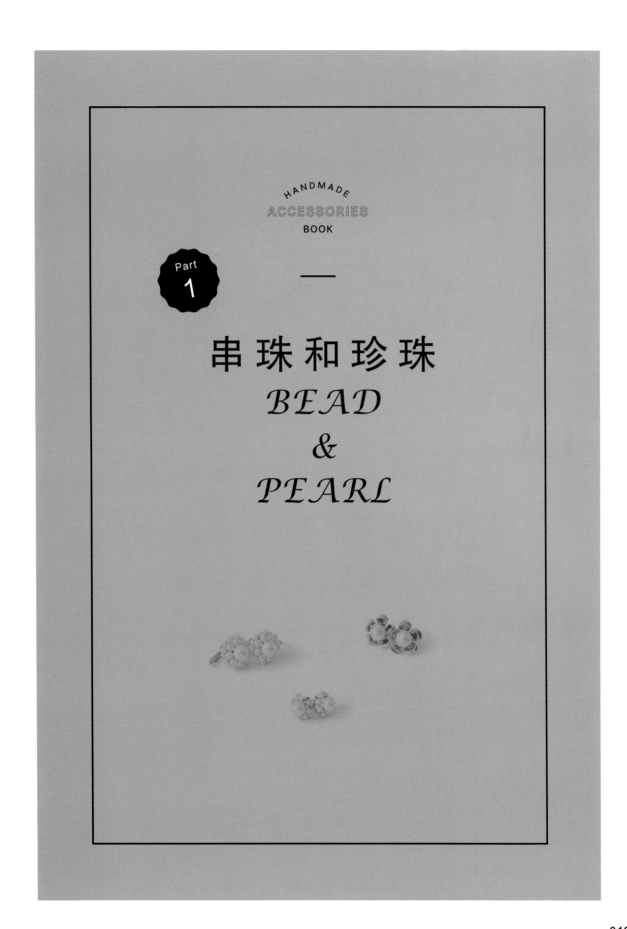

HANDMADE
ACCESSORIES
BOOK

Part
1

—

串珠和珍珠
BEAD
&
PEARL

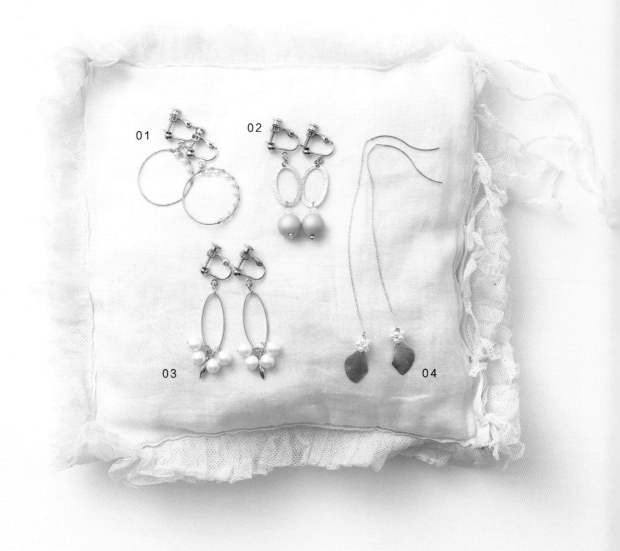

串珠和珍珠：**01**　｜　制作方法：**p.022**

串珠和珍珠：**02**　｜　制作方法：**p.022**

不对称珍珠大耳环

两个圆形耳环上面的珍珠颗数不同，有一种不对称的美感。
华美的大耳环，无论是参加派对，还是日常佩戴，都很漂亮。

大珍珠椭圆形耳环

使用了非常有设计感的椭圆形装饰，
很适合成人佩戴。

020

01
13

简单的样式
衬托优雅气质

BEAD & PEARL

＊模特佩戴的首饰：**p.020**-01、**p.030**-13

| 串珠和珍珠：03 | 制作方法：**p.022** |

珍珠和水滴耳环

将喜欢的零部件连接在一起即可。
制作方法非常简单，很有存在感。

| 串珠和珍珠：04 | 制作方法：**p.022** |

珍珠和叶片美式长耳坠

细长的样式，让人不禁想戴上它。
用天蚕丝连接珍珠，造型优雅。

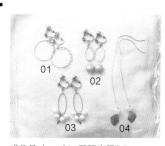

串珠和珍珠：	01	不对称珍珠大耳环
串珠和珍珠：	02	大珍珠椭圆形耳环
串珠和珍珠：	03	珍珠和水滴耳环
串珠和珍珠：	04	珍珠和叶片美式长耳坠

成品尺寸：<01>耳环直径2.5cm
<02>耳环长3.5cm
<03>耳环长4cm
<04>坠饰长2.5cm

工具

剪刀、平嘴钳、圆嘴钳、斜嘴钳

制作方法

按照图示，将各个零部件连接起来（参照p.016）

材料< 01 >

※圆环、珠子等圆形材料，其尺寸均省略"直径"二字
※材料中未标注具体用量、尺寸等的，请依据实际使用情况准备

· 金属丝（#28、金色）
· a. 耳夹（螺丝式、带环、3.5mm、金色）…1对
· b. 圆环（0.6mm×3mm、金色）…4个
· 金属圈（圆形、25mm、金色）…2个
· 玻璃珍珠（圆形、2mm、白色）…12颗

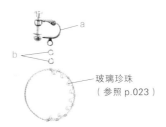

玻璃珍珠
（参照 p.023）

材料< 02 >

· a. 耳夹（螺丝式、带环、3.5mm、金色）…1对
· b. 圆环（0.6mm×3mm、金色）…4个
· c. 金属圈（椭圆形、带吊孔、18mm×12mm、金色）…2个
· d. T形针（0.6mm×30mm、金色）…2根
· e. 金属珠（2mm、金色）…2颗
· f. 树脂珍珠（圆形、10mm、乳白色）…2颗
· g. 串珠（菱形、4mm、透明）…2颗

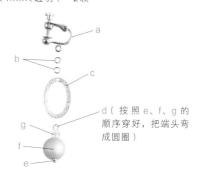

d（按照 e、f、g 的
顺序穿好，把端头弯
成圆圈）

材料< 03 >

· a. 耳夹（螺丝式、带环、3.5mm、金色）…1对
· b. 圆环（0.6mm×3mm、金色）…4个
· c. 金属圈（椭圆形、11mm×25mm、金色）…2个
· d. T形针（0.5mm×14mm、金色）…8根
· e. 玻璃珍珠（圆形、6mm、乳白色）…8颗
· f. C形环（0.55mm×3.5mm×2.5mm）…4个
· g. 金属装饰（冰凌、8mm×2mm、金色）…2个

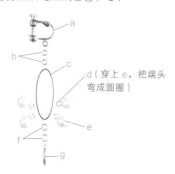

d（穿上 e，把端头
弯成圆圈）

材料< 04 >

· a. 耳线（美式、80mm、金色）…1对
· b. 9字针（0.5mm×16mm、金色）…2根
· c. 金属装饰（叶子、10mm×15mm、金色）…2个
· 玻璃珍珠（圆形、2mm、白色）…24颗
· 天蚕丝（2号）

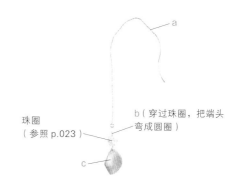

b（穿过珠圈，把端头
弯成圆圈）

珠圈
（参照 p.023）

022

1 金属丝端头留2cm，用平嘴钳将其在金属圈上缠绕3圈。

2 用平嘴钳夹紧所缠部分，不留缝隙。

3 在金属丝上穿1颗珠子。

4 将金属丝在金属圈上缠绕2圈。

5 按照步骤3、4的方法，穿上8颗珠子（另一个金属圈穿上4颗珠子）。

6 用斜嘴钳剪断金属丝。

7 用平嘴钳把端头夹得和金属圈贴合。

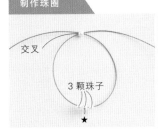

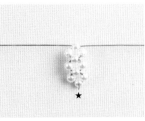

1 在天蚕丝上穿3颗珠子。再用1颗珠子连接天蚕丝两端使其交叉。

2 将天蚕丝拉紧。

3 继续在天蚕丝两端穿上珠子，再用1颗珠子使天蚕丝两端交叉。共做2次。

4 一颗一颗地将珠子穿在天蚕丝两端。

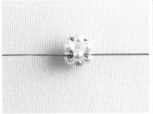

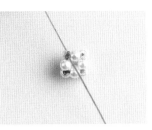

5 将天蚕丝穿入最初穿的珠子（★），使天蚕丝两端交叉。

6 拉紧天蚕丝。

7 将天蚕丝一端穿到另一端旁边，打结。用剪刀剪断。

05

06

串珠和珍珠：05 　　制作方法：**p.025**

宝石和珍珠耳饰

在底座上粘贴各个零部件，就做好了。
不同材质的零部件，打造出美丽的耳畔风景。

串珠和珍珠：06 　　制作方法：**p.025**

不对称珍珠耳坠

使用乳白色的珍珠制作，耳坠在耳畔摇曳生辉。
也可以使用棉花珍珠，衬托出成熟的韵味。

07

08

串珠和珍珠：07 　　制作方法：**p.025**

灰色珍珠耳坠

稳重的颜色，小巧的耳坠。
有特色的圆环很吸引人。

串珠和珍珠：08 　　制作方法：**p.025**

雅致长耳坠

将经常用到项链上的爪子扣，
作为小装饰连接在耳坠上，
非常有存在感。

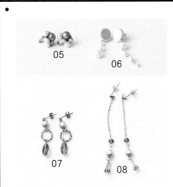

	串珠和珍珠：**05**	宝石和珍珠耳饰
	串珠和珍珠：**06**	不对称珍珠耳坠
	串珠和珍珠：**07**	灰色珍珠耳坠
	串珠和珍珠：**08**	雅致长耳坠

成品尺寸：<05>耳饰直径2cm
<06>坠饰长4.5cm、5.5cm
<07>坠饰长3cm
<04>坠饰长6cm

工 具

黏合剂、平嘴钳、圆嘴钳、斜嘴钳、锥子

制作方法

按照图示，将各个零部件连接起来（参照p.016）

材料 < 05 >

金属丝（#28、金色）
- a. 底座（平形、12mm、金色）…2个
- b. 玻璃珍珠（圆形、8mm、棕色）…2颗
- c. 人造水晶（钻石切割、带爪、4mm、透明）…2颗
- d. 玻璃珍珠（圆形、6mm、乳白色）…2颗
- e. 人造水晶（榄尖形切割、10mm×5mm、高亮）…2颗
- f. 棉花珍珠（圆形、6mm、白色）…2颗
- g. 玻璃珍珠（圆形、4mm、浅米色）…2颗
- h. 耳钉（圆盘、6mm、金色）…1对

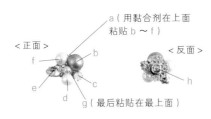

a（用黏合剂在上面粘贴 b～f）

< 正面 >
< 反面 >

h

g（最后粘贴在最上面）

材料 < 06 >

- a. T形针（0.5mm×21mm、金色）…4根
- b. 9字针（0.5mm×14mm、金色）…5根
- c. 木珠（硬币形、13mm、米白色）…2颗
- d. 玻璃珍珠（圆形、4mm、乳白色）…2颗
- e. 玻璃珍珠（圆形、6mm、乳白色）…3颗
- f. 玻璃珍珠（圆形、8mm、乳白色）…2颗
- g. 耳钉（圆盘、6mm、银色）…1对

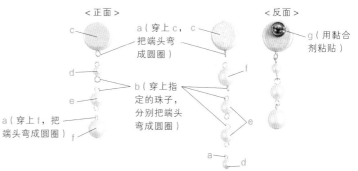

< 正面 >
< 反面 >

a（穿上 c，c 把端头弯成圆圈）

g（用黏合剂粘贴）

b（穿上指定的珠子，分别把端头弯成圆圈）

a（穿上 f，把端头弯成圆圈）

材料 < 07 >

- a. 耳钉（带环、4mm、金色）…1对
- b. 9字针（0.5mm×16mm、金色）…2根
- c. 玻璃珍珠（圆形、6mm、乳白色）…2颗
- d. 金属圈（扭转、10mm、金色）…2个
- e. T形针（0.6mm×30mm、金色）…2根
- f. 串珠（枣形、11mm×8mm、灰色）…2颗

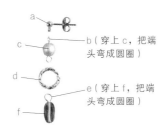

a
c
d
f

b（穿上 c，把端头弯成圆圈）

e（穿上 f，把端头弯成圆圈）

材料 < 08 >

- a. 耳钉（带环、4mm、金色）…1对
- b. 圆环（0.6mm×3mm、金色）…2个
- c. 链子（椭圆环、1mm、金色）…6cm
- d. 9字针（0.5mm×14mm、金色）…4根
- e. 串珠（纽扣切割、4mm、灰色）…2颗
- f. 玻璃珍珠（圆形、6mm、米灰色）…2颗
- g. 金属装饰（爪子扣、带环、8mm×4mm、金色）…2个

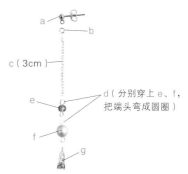

a
b
c（3cm）
e
f
g

d（分别穿上 e、f，把端头弯成圆圈）

BEAD & PEARL

炎炎夏日中
那一抹清凉的甜

＊模特佩戴的首饰：p.027-09

09

串珠和珍珠：09　　制作方法：**p.028**

缤纷夏色耳坠、手链

选择给人清凉的感觉的色彩，
夏天时很想戴上。
很适合在海边，或花火（烟花）大会时戴上。

10

11

12

串珠和珍珠：10　　制作方法：**p.029**

**大方珠和小珍珠
组成的耳坠**

色彩鲜艳的串珠（捷克珠），
给人眼前一亮的感觉。
很适合搭配礼服或白裙子。

串珠和珍珠：11　　制作方法：**p.029**

大圆圈和闪亮珠子耳坠

透明的珠子给人清爽的感觉。
虽然比较大，但却给人纤细的感觉。
戴上会很时尚。

串珠和珍珠：12　　制作方法：**p.029**

**金属棒和
水晶长链耳坠**

在耳畔摇曳生姿，
长长的链子很有特色，
自然也就很吸引眼球。

串珠和珍珠：**09** 缤纷夏色耳坠、手链

工 具	制作方法
平嘴钳、圆嘴钳、斜嘴钳、锥子	按照图示,将各个零部件连接起来（参照p.016、017）

成品尺寸：＜Ⅰ＞手链17~20cm
＜Ⅱ＞坠饰长4cm

材料＜Ⅰ＞

- a. 龙虾扣（7mm×5mm、金色）…1个
- b. 调节链（50mm、金色）…1条
- c. 圆环（0.6mm×3mm、金色）…2个
- d. C形环（0.55mm×3.5mm×2.5mm）…1个
- e. 串珠（短刀形、3mm×10mm、米色）…1颗
- f. 链子（Figaro、带装饰、1mm）…16.7cm
- g. T形针（0.5mm×14mm）…5根
- h. 串珠（火焰抛光、3mm、黄水仙色）…2颗
- i. 串珠（纽扣切割、3mm、浅蓝色）…2颗
- j. 串珠（火焰抛光、3mm、紫晶色）…1颗
- k. 金属丝（#28、金色）
- l. 串珠（短刀形、3mm×10mm、黄玉色）…1颗
- m. 串珠（短刀形、3mm×10mm、高亮）…1颗

材料＜Ⅱ＞

- a. 耳夹（螺丝式、带环、3.5mm、金色）…1对
- b. 圆环（0.6mm×3mm、金色）…2个
- c. 9字针（0.6mm×21mm、金色）…2根
- d. 串珠（天然石、硬币切割、16mm×16mm、白色）…2颗
- e. T形针（0.5mm×14mm、金色）…10根
- f. 串珠（火焰抛光、3mm、黄水仙色）…4颗
- g. 串珠（纽扣切割、3mm、浅蓝色）…4颗
- h. 金属丝（#28、金色）
- i. 串珠（短刀形、3mm×10mm、黄玉色）…2颗
- j. 串珠（短刀形、5mm×16mm、高亮）…2颗
- k. 串珠（火焰抛光、3mm×10mm、紫晶色）…2颗

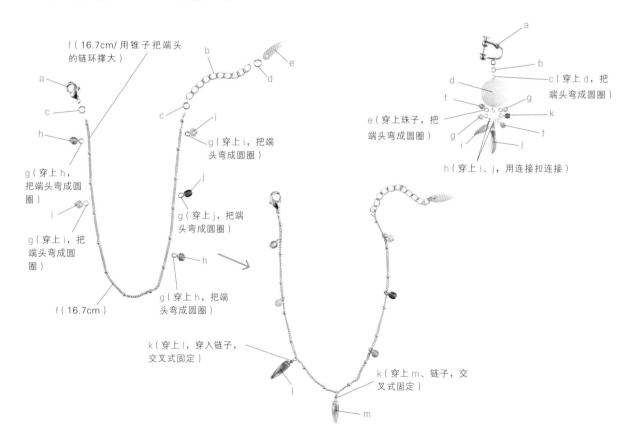

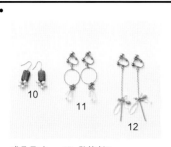

串珠和珍珠:	**10**	大方珠和小珍珠组成的耳坠
串珠和珍珠:	**11**	大圆圈和闪亮珠子耳坠
串珠和珍珠:	**12**	金属棒和水晶长链耳坠

成品尺寸：<10>坠饰长2cm
<11>坠饰长4cm
<12>坠饰长5.5cm

工 具	制作方法
平嘴钳、圆嘴钳、斜嘴钳、锥子	按照图示，将各个零部件连接起来（参照p.016、017）

材料< 10 >

- a. 耳钩（金色）…1对
- b. 9字针（0.6mm×21mm、金色）…2根
- c. 串珠（方珠、12mm×8mm、粉色）…2颗
- d. T形针（0.5mm×14mm、金色）…10根
- e. 玻璃珍珠（圆形、4mm、乳白色）…10颗

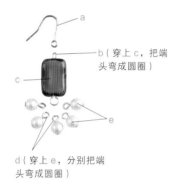

a
b（穿上 c，把端头弯成圆圈）
c
e
d（穿上 e，分别把端头弯成圆圈）

材料< 11 >

- a. 耳夹（螺丝式、带环、3.5mm、金色）…1对
- b. 圆环（0.6mm×3mm、金色）…8个
- c. 金属圈（圆形、18mm、金色）…2个
- d. T形针（0.5mm×14mm、金色）…8根
- e. 串珠（纽扣切割、2mm、浅蓝色）…8颗
- f. T形针（0.5mm×21mm、金色）…2根
- g. 串珠（水滴形切割、8mm×12mm、高亮）…2颗

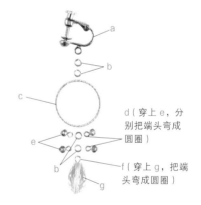

a
b
c
e
b
d（穿上 e，分别把端头弯成圆圈）
f（穿上 g，把端头弯成圆圈）
g

材料< 12 >

- a. 耳夹（螺丝式、带环、3.5mm、金色）…1对
- b. 圆环（0.6mm×3mm、金色）…2个
- c. 链子（椭圆环、1mm、金色）…6cm
- d. C形环（0.55mm×3.5mm×2.5mm、金色）…2个
- e. 金属丝（#28、金色）
- f. 串珠（纽扣切割、4mm、高亮）…2颗
- g. 串珠（水滴形切割、4mm×6mm、绿色）…2颗
- h. 串珠（短刀形、3mm×10mm、高亮）…2颗
- i. T形针（0.6mm×30mm、金色）…2根
- j. 金属棒（圆柱形、2mm×19mm、金色）…2根
- k. 串珠（短刀形、5mm×16mm、高亮）…2颗
- l. 串珠（纽扣切割、2mm、浅蓝色）…2颗

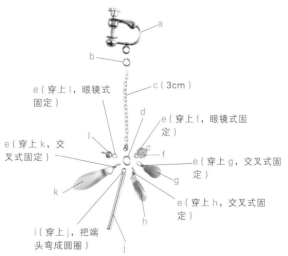

a
b
c（3cm）
d
e（穿上 l，眼镜式固定）
e（穿上 f，眼镜式固定）
l
e（穿上 k，交叉式固定）
f
e（穿上 g，交叉式固定）
g
k
e（穿上 h，交叉式固定）
h
i（穿上 j，把端头弯成圆圈）
j

串珠和珍珠：**13** | 制作方法：**p.031**

珍珠和镶钻金属圈耳环、项链

镶钻的金属圈闪烁着美丽的光芒。
也可以在正式场合佩戴。

珍珠和镶钻金属圈耳环、项链

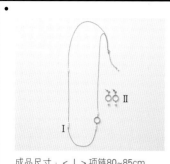

成品尺寸：< I >项链80~85cm
< II >坠饰长3cm

工 具	制作方法
平嘴钳、圆嘴钳、斜嘴钳、锥子	按照图示,将各个零部件连接起来（参照p.016）

材料< I >

- a. 搭扣,带调节链（直径5.5mm、金色）…1组
- b. 圆环（0.6mm×3mm、金色）…1个
- c. 圆环（0.7mm×3.5mm、金色）…1个
- d. T形针（0.5mm×15mm、金色）…1根
- e. 树脂珍珠（圆形、4mm、乳白色）…11颗
- f. 链子（喜平、2mm、金色）…72cm
- g. 9字针（0.6mm×15mm、金色）…2根
- h. 9字针（0.6mm×20mm、金色）…2根
- i. 金属圈（圆形、镶钻、带2个环、16mm、金色）…1个

材料< II >

- a. 耳钉（带环、4mm、金色）…1对
- b. 圆环（0.6mm×3mm、金色）…4个
- c. 金属圈（圆形、镶钻、带2个环、16mm、金色）…2个
- d. T形针（0.5mm×15mm、金色）…2根
- e. 玻璃珍珠（圆形、6mm、乳白色）…2颗

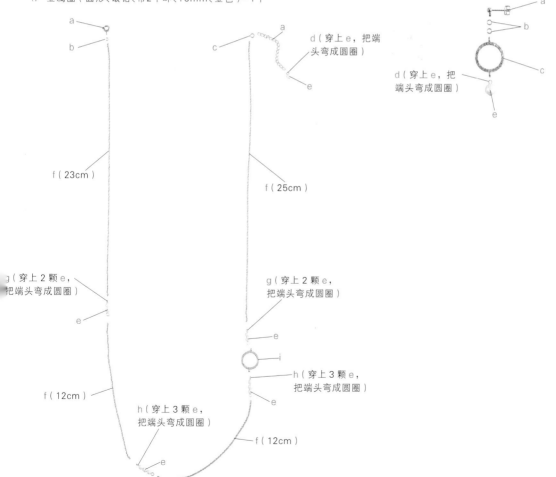

14/

BEAD & PEARL

丝带搭配珍珠
优雅与可爱碰撞

＊模特佩戴的首饰：p.033−14

串珠和珍珠：**14**	制作方法：**p.034**

简约蝴蝶结和棉花珍珠长项链、手链

棉花珍珠首饰上的蝴蝶结颜色很素雅，非常漂亮。
在想走甜美可爱风的时候佩戴。

14

15

16

| 串珠和珍珠：15 | 制作方法：**p.035** | 串珠和珍珠：16 | 制作方法：**p.036** |

树叶和珍珠胸针

犹如花束般华美的胸针。
用天蚕丝将一颗颗珍珠固定在底座上。

链子流苏和珍珠别针

这种款式的别针适合素色的夹克或披肩，很有存在感。
在一片金色中加入一条银色链子，给人眼前一亮的感觉。

简约蝴蝶结和棉花珍珠长项链、手链

成品尺寸：
< I >项链60cm
< II >手链16.5cm

材料

< 通用 >
· 天蚕丝（3号）
· 夹扣（2mm、金色）…2个
· 定位珠（1.5mm、金色）…2颗

< I >
· 丝带（宽3.8cm、白色）…100cm
· a. 棉花珍珠（圆形、10mm、米白色）…17颗
· b. 棉花珍珠（圆形、8mm、米白色）…18颗
· c. 棉花珍珠（圆形、6mm、米白色）…10颗
· d. 装饰环（4mm、水晶、金色）…6个
· e. OT扣（柱长15mm、金色）…1个
· 圆环（1.4mm×10mm、亚金色）…2个

< II >
· 丝带（宽3.8cm、白色）…40cm
· a. 棉花珍珠（圆形、10mm、米白色）…7颗
· b. 棉花珍珠（圆形、8mm、米白色）…2颗
· c. 装饰环（4mm、水晶、金色）…2个
· d. 圆环（0.6mm×3mm、金色）…2个
· e. 链子（涡卷、3mm、亚金色）…4cm
· f. OT扣（扣环11mm×9mm、柱长16mm、亚金色）…1组

工具

剪刀、平嘴钳、圆嘴钳、斜嘴钳、锥子、黏合剂、竹签

制作方法

< I >
1 将天蚕丝剪下70cm，连接夹扣和定位珠做一个收尾部件（参照p.047）。

2 按顺序穿上指定的珠子。再次连接夹扣和定位珠做一个收尾部件。

3 在100cm丝带中间20cm长的一段两端，穿上圆环并打结。

4 参照图示，将各个零部件连接起来（参照p.016）。

< II >
1 将丝带剪成4根10cm长的。

2 将天蚕丝剪下20cm，连接夹扣和定位珠做一个收尾部件（参照p.047）。

3 按顺序穿上指定的珠子。再次连接夹扣和定位珠做一个收尾部件。

4 参照图示，将各个零部件连接起来（参照p.016）。

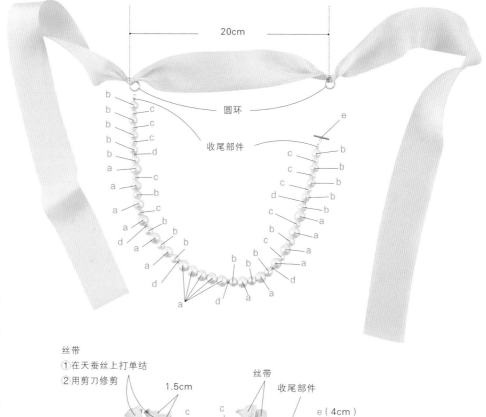

丝带
①在天蚕丝上打单结
②用剪刀修剪

树叶和珍珠胸针

成品尺寸：3cm × 2cm

材 料

- 天蚕丝（2号）
- 胸针（莲蓬头、20mm、金色）…1套
- 金属装饰（五瓣花朵、12mm、金色）…1个
- 金属装饰（叶子、16mm×8mm、金色）…2个
- 底座（帽形、6mm、金色）…2个
- a. 棉花珍珠（圆形、8mm、白色）…1颗
- b. 树脂珍珠（圆形、5mm、白色）…7颗
- c. 树脂珍珠（圆形、4mm、白色）…5颗
- d. 树脂珍珠（圆形、2mm、白色）…17颗

工 具

剪刀、平嘴钳、黏合剂、竹签

制作方法 ※天蚕丝全部剪成6cm备用

在莲蓬头上固定好零部件

1 将a穿在天蚕丝上，穿入莲蓬头中心的两孔，在反面打单结（参照p.044）。

2 用天蚕丝将2个金属装饰（叶子）固定在棉花珍珠的一边。

3 将1颗b穿在天蚕丝上，穿上金属装饰（五瓣花朵），固定在金属装饰（叶子）和莲蓬头上。

4 将6颗b穿在天蚕丝上，围住中间的棉花珍珠，固定在莲蓬头上。
★标记的珠子要搭配底座。

5 在步骤4中固定的珠子的空隙中，用天蚕丝固定5颗c。再在c的空隙中分别固定上2颗d。最后，在中心和第2圈珠子之间，固定上d（红色标记处）。

组合胸针

6 将莲蓬头翻到反面，在天蚕丝打结处涂抹黏合剂固定。如果涂抹过量，就没法嵌入莲蓬头。干燥后，将莲蓬头嵌在胸针托上，用平嘴钳夹紧爪子。

链子流苏和珍珠别针

成品尺寸：6cm×5cm

材料

- 别针（带5个环、50mm、金色）…1个
- a. 链子（涡卷、3.4mm、亚金色）…7cm
- b. 链子（Figaro、3mm、亚银色）…5cm
- 圆环（0.6mm×3mm、金色）…16个
- c. 链子（椭圆环、2mm、亚金色）…20.5cm
- d. 棉花珍珠（圆形、8mm、白色）…3颗
- e. 棉花珍珠（圆形、6mm、白色）…2颗
- f. 树脂珍珠（圆形、7mm、白色）…2颗
- g. 树脂珍珠（圆形、6mm、白色）…2颗
- T形针（0.6mm×30mm、金色）…6根
- 圆头针（0.5mm×28mm、金色）…2根
- 9字针（0.6mm×30mm、金色）…1根
- h. 金属珠托（5mm×2mm、金色）…1个
- i. 底座（帽形、5mm、金色）…1个
- j. 链子（涡卷、3.4mm、亚金色）…6cm
- k. 链子（椭圆环、4mm、亚金色）…3cm
- 圆环（扭转、5mm、金色）…1个

工具

平嘴钳、圆嘴钳、斜嘴钳、锥子

制作方法

连接各零部件

1 别针上的5个环中，留下两端的2个环，用斜嘴钳将其他的剪下。

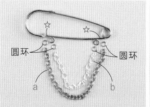

2 分别用圆环在留下的环外侧（☆部分）连接a（7cm），在留下的环上连接b（5cm）。

3 用圆环在c（2.5cm）上连接涡卷式固定（参照p.016）的各部件。d、e、f用T形针，g用圆头针，分别做涡卷式固定。

4 连接好的样子。两端连接圆环，和步骤**1**中的环连接在一起，位于步骤**2**连接的b的内侧。

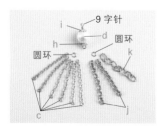

5 9字针上按照h→d→i的顺序，做涡卷式固定。将6根c（3cm）用圆环连接到9字针上。将2根j（3cm）、1根k（3cm）用圆环连接到9字针上。

6 用圆环（扭转）在别针右边的环上连接步骤**5**所做的部件。

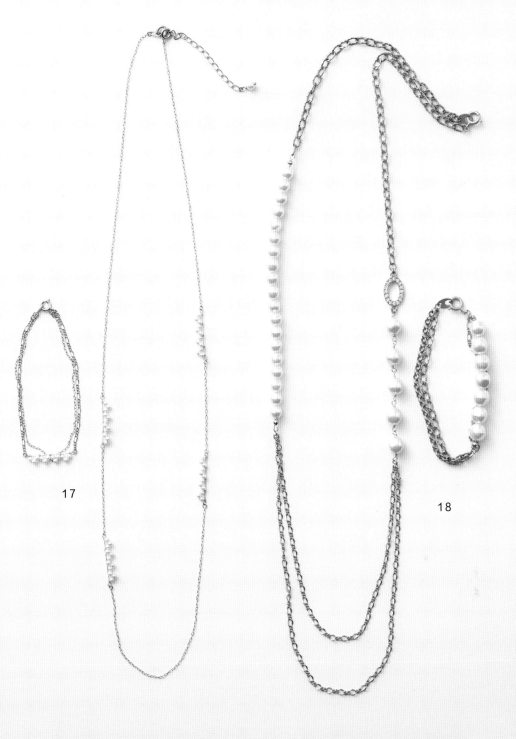

17

18

串珠和珍珠：**17** | 制作方法：**p.038**

双层细手链和珍珠细项链

用金属丝连接珍珠，
制作令人眼前一亮的珍珠组件。
华美的链子看起来也很优雅。

串珠和珍珠：**18** | 制作方法：**p.038**

珍珠项链和手链

亚金色带着古色古香的感觉。
使用不同形状的巴洛克树脂珍珠，
让小饰品更加有魅力。

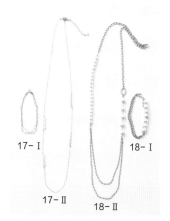

17-Ⅰ

18-Ⅰ

17-Ⅱ 18-Ⅱ

成品尺寸：
<17-Ⅰ> 手链16cm
<17-Ⅱ> 项链63~68cm
<18-Ⅰ> 手链16cm
<18-Ⅱ> 项链71cm

工 具

平嘴钳、圆嘴钳、斜嘴钳、锥子

材 料

<17-Ⅰ>
· 金属丝（#28、金色）
· 双头圆环金属丝（0.4mm×25mm、金色）…1根
· 树脂珍珠（圆形、2mm、白色）…12颗
· a. 板扣（3mm×8mm、金色）…1个
· b. 搭扣（5.5mm、金色）…1个
· c. 圆环（0.5mm×2.3mm、金色）…6个
· d. 链子（Figaro、2mm、金色）…17cm
· e. 圆环（0.6mm×3mm、金色）…2个
· f. 链子（椭圆环、1.2mm、金色）…14cm

<17-Ⅱ>
· 金属丝（#28、金色）
· 双头圆环金属丝（0.4mm×25mm、金色）…4根
· 树脂珍珠（圆形、2mm、白色）…48颗
· a. 板扣（3mm×8mm、金色）…1个
· b. 搭扣（5.5mm、金色）…2个
· c. 圆环（0.5mm×2.3mm、金色）…10个
· d. 链子（Figaro、2mm、金色）…54cm
· e. 链子（喜平、2.4mm、金色）…5cm
· f. 树脂珍珠（圆形、4mm、白色）…1颗
· g. 圆头针（0.5mm×28mm、金色）…1根

<18-Ⅰ>
· 天蚕丝（3号）
· 夹扣（2mm、金色）…2个
· 定位珠（1.5mm、金色）…2颗
· 树脂珍珠（巴洛克、8mm、白色）…7颗
· a. 板扣（3mm×8mm、亚金色）…1个

· b. 搭扣（7mm、亚金色）…1个
· c. 圆环（0.7mm×4mm、金色）…2个
· d. 圆环（0.6mm×3mm、金色）…3个
· e. 链子（椭圆环、4mm、亚金色）…9cm
· f. 链子（Figaro、3mm、金色）…8cm
· g. 链子（涡卷、3.4mm、亚金色）…9cm

<18-Ⅱ>
· 天蚕丝（3号）
· 夹扣（2mm、金色）…2个
· 定位珠（1.5mm、金色）…2颗
· 金属丝（#26、金色）
· 树脂珍珠（巴洛克、6mm、白色）…19颗
· 树脂珍珠（巴洛克、8mm、白色）…5颗
· a. 板扣（3mm×8mm、亚金色）…1个
· b. 搭扣（7mm、亚金色）…1个
· c. 圆环（0.7mm×4mm、金色）…3个
· d. 圆环（0.6mm×3mm、金色）…10个
· e. 链子（椭圆环、4mm、亚金色）…28cm
· f. 链子（Figaro、3mm、亚金色）…45cm
· g. 金属圈（椭圆形、镶钻、带2个环、14mm×10mm、金色）…1个

制作方法

制作珍珠组件

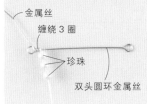

金属丝
缠绕3圈
珍珠
双头圆环金属丝

1 将金属丝剪下7cm，在双头圆环金属丝上缠绕3圈。穿上3颗2mm的树脂珍珠。

缠绕3圈

2 再次将金属丝在双头圆环金属丝上缠绕3圈。

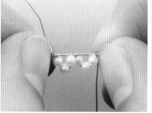

3 再穿上3颗树脂珍珠，用金属丝缠绕3圈。用手指向里面挤一下，让其更紧密。

4 重复2次步骤**3**，用斜嘴钳剪断金属丝。

组合方法

< 17- Ⅰ >

1 制作1个珍珠组件。

2 参照图示，将各个零部件连接起来（参照p.016）。

< 18- Ⅰ >

1 将天蚕丝剪下10cm，连接夹扣和定位珠做一个收尾部件（参照p.047）。

2 将7颗8mm的树脂珍珠穿在天蚕丝上。再次连接夹扣和定位珠做一个收尾部件。

3 参照图示，将各个零部件连接起来（参照p.016）。

< 17- Ⅱ >

1 制作4个珍珠组件。

2 参照图示，将各个零部件连接起来（参照p.016）。

< 18- Ⅱ >

1 将天蚕丝剪下10cm，连接夹扣和定位珠做一个收尾部件（参照p.047）。

2 将19颗6mm的树脂珍珠穿在天蚕丝上。再次连接夹扣和定位珠做一个收尾部件。

3 用眼镜式固定的方法（参照p.017）连接5颗8mm的树脂珍珠。

4 参照图示，将各个零部件连接起来（参照p.016）。

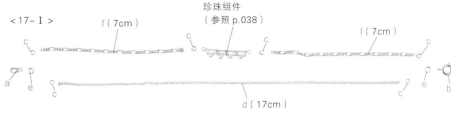

< 17- Ⅰ > f（7cm） 珍珠组件（参照 p.038） f（7cm）
a e c d（17cm）c e b

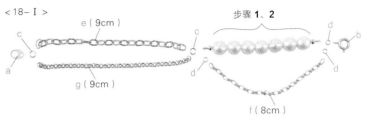

< 18- Ⅰ > e（9cm） 步骤 1、2 d b
a c g（9cm） c d f（8cm）d

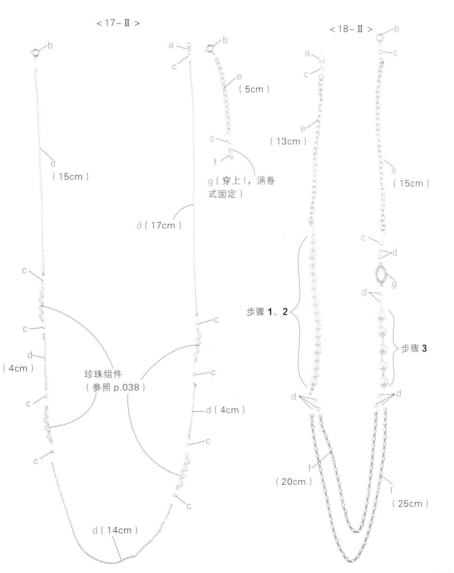

< 17- Ⅱ > b a b c e（5cm）c d（15cm）f g（穿上 f，涡卷式固定）d（17cm）珍珠组件（参照 p.038）c c d（4cm）c c d（14cm）d（4cm）

< 18- Ⅱ > b a c e（13cm）c d g d（15cm）c d 步骤 1、2 步骤 3 d d f（20cm）f（25cm）

039

串珠和珍珠：**19**　｜制作方法：**p.042**

花枝耳坠和发饰

将珠子穿在金属丝上，扭转，
做成花枝造型。
纤细、优美，佩戴起来非常有女人味。

BEAD & PEARL

从容优雅

自成一格

＊模特佩戴的首饰：**p.040**-19

串珠和珍珠：**20**　｜　制作方法：**p.044**

珍珠花球耳钉

珍珠明媚的光泽和金属配件的高级感
搭配在一起，非常有存在感。
搭配深色服装，光彩照人。

材料

< 通用 >
· 金属丝（#28、金色）

< Ⅰ >
· 耳钉（带环、3mm、金色）…1对
· 金属圈（圆形、13.5mm、金色）…2个
· T形针（0.6mm×30mm、金色）…2根
· 圆环（0.6mm×3mm、金色）…4个
· a. 树脂珍珠（圆形、3mm、白色）…10颗
· b. 树脂珍珠（圆形、2mm、白色）…36颗
· c. 树脂珍珠（水滴形、竖孔、6mm×10mm、
　　奶油色）…2颗

< Ⅱ >
· 发梳（15齿、金色）…1个
· 金属丝（#26、金色）
· 金属装饰（花朵、12mm、金色）…2个
· 金属装饰（叶子、16mm×8mm、金色）…
　1个

· a. 树脂珍珠（圆形、3mm、白色）…17颗
· b. 树脂珍珠（圆形、2mm、白色）…48颗
· c. 树脂珍珠（圆形、5mm、白色）…2颗

< Ⅲ >
· U形针（5.2cm）…1个
· a. 树脂珍珠（圆形、3mm、白色）…6颗
· b. 树脂珍珠（圆形、2mm、白色）…16颗

工具

平嘴钳、圆嘴钳、斜嘴钳、手动打孔器

成品尺寸：< Ⅰ >坠饰长3cm
　　　　　< Ⅱ >12cm×6cm
　　　　　< Ⅲ >花枝部件长4cm

制作方法

制作基本的花枝部件

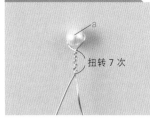

1 将 金 属 丝（#28）剪 下 30cm。穿 上 a 并对折，用 平嘴钳将金属丝扭转7次。

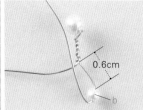

2 扭转之后的1根金属丝上，在相距扭转部位0.6cm 处穿上 b。将该金属丝折弯。

3 按照图示将金属丝扭转7次。

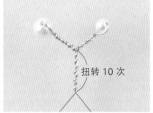

4 什么都不穿，将2根金属丝一起扭转10次。

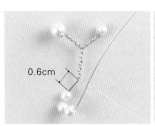

5 较长的金属丝上，在相距扭转部位0.6cm处穿上3颗 b。将该金属丝折弯。

6 按照图示将金属丝扭转7次。

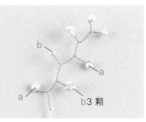

7 按照相同方法，参照图示重复：什么都不穿，扭转10次；穿上珠子，扭转7次。

制作花枝部件

1 将金属丝剪下10cm。参照 p.042的"制作基本的花枝 部件"，按照此处图示制作 相关部件。 （※★部分扭转5次）

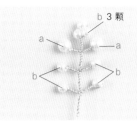

2 将金属丝剪下15cm。参 照步骤**1**，按照此处图示 制作2个部件。

组合方法

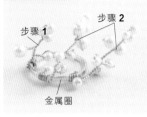

3 在金属圈上，按照图示连 接步骤**1**、**2**的部件。2个 金属圈分别连接部件后呈 左右对称状态。

4 用圆环将耳钉和金属圈连接 在一起。将c穿在T形针上， 做涡卷式固定（参照 p.016），用圆环将其连接 至步骤**2**所做部件的☆处。

制作花枝部件

1 将金属丝（#26）剪下 15cm。穿上c并对折，2 根一起穿上金属装饰（花 朵）。

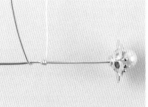

2 将金属丝（#26）剪下 4cm，在步骤**1**所做部件 上缠绕11圈。

3 将缠绕好的金属丝压向 金属装饰（花朵）。制作 2个相同部件。

4 用手动打孔器在金属装饰 （叶子）的端头打孔。

组合方法

5 参照p.042的"制作基本 的花枝部件"，按照此处 图示制作相关部件。

6 制作5个p.042的"基本 的花枝部件"。第1个花 枝部件固定在发梳的左端。

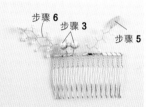

7 依次再将步骤**6**中的1个 花枝部件、步骤**3**中的2 个部件和步骤**5**中的花枝 部件固定在发梳上。

8 将步骤**6**中的3个花枝部 件固定在发梳上。调整花 枝的位置。

制作花枝部件并组合

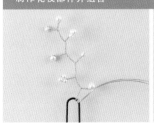

1 制作2个p.042的"基本 的花枝部件"。将其中一 个花枝部件的金属丝，缠 绕在U形针的右侧。

2 金属丝全部缠上。端头用 平嘴钳夹平。

3 另一个"基本的花枝部件" 缠绕在U形针的左侧。在U 形针的中间，将2个花枝部 件底部紧紧地缠绕在一起。

珍珠花球耳钉

成品尺寸：
< I > 花球直径1.3cm
< II > 花球直径2cm
< III > 花球直径1.8cm

材料

< I >
· 天蚕丝（2号）
· 耳钉（莲蓬头、10mm、金色）…1对
· 金属装饰（花朵、7mm、金色）…8个
· a. 树脂珍珠（圆形、7mm、白色）…2颗
· b. 树脂珍珠（圆形、3mm、白色）…8颗
· c. 树脂珍珠（圆形、2mm、白色）…8颗

< II >
· 天蚕丝（2号）
· 耳钉（莲蓬头、15mm、金色）…1对
· a. 树脂珍珠（圆形、8mm、白色）…2颗
· b. 树脂珍珠（圆形、4mm、白色）…16颗
· c. 树脂珍珠（圆形、3mm、白色）…16颗
· d. 树脂珍珠（圆形、2mm、白色）…16颗

< III >
· 耳钉（托盘式、5mm、金色）…1对
· 金属装饰（花朵、18mm、金色）…2个
· 棉花珍珠（圆形、8mm、白色、单孔）…2颗
· 金属装饰（迷你花朵、4mm、金色）…2个

工具

剪刀、平嘴钳、斜嘴钳、黏合剂、竹签

制作方法< I > ※天蚕丝全部剪成6cm长备用

在莲蓬头上固定珠子

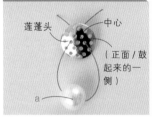

莲蓬头　中心　（正面/鼓起来的一侧）　a

1 将a穿在天蚕丝上，将天蚕丝两端穿入莲蓬头中心两侧的孔中。

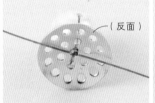

（反面）

2 在反面打单结。用剪刀剪掉多余的天蚕丝。

（正面）

3 中心处已固定好a。

b　b

4 按照步骤**1**、**2**的方法，在a的周围固定4颗b，保持相同的间距。

金属装饰　c

5 将天蚕丝穿入c，2根一起穿过金属装饰，按照步骤**1**、**2**的方法固定。穿上4个这样的组合，固定在步骤**4**中的珠子之间。

6 所有的珠子都固定好了。在反面的天蚕丝打结处涂抹黏合剂固定。

组合方法

7 干燥后，将莲蓬头嵌在耳钉托上，用平嘴钳夹紧爪子。

在莲蓬头上固定珠子

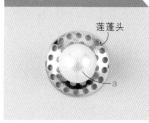

1 和作品<Ⅰ>步骤**1~3**相同，在莲蓬头中心，用天蚕丝固定上a。

2 在a的周围固定8颗b，保持相同的间距。

3 在b的周围固定8颗c，保持相同的间距。

4 在c的周围固定8颗d，保持相同的间距。在反面的天蚕丝打结处涂抹黏合剂固定。

组合方法

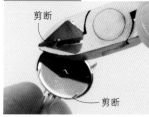

5 用斜嘴钳将耳钉托上4个爪子中对着的2个剪断。

6 干燥后，将莲蓬头嵌在耳钉托上，用平嘴钳夹紧爪子。

制作方法<Ⅲ>

连接各零部件

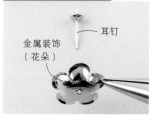

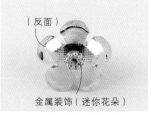

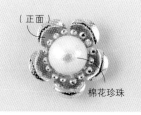

1 将金属装饰（花朵）穿在耳钉上，用黏合剂粘贴。

2 继续将金属装饰（迷你花朵）穿在耳钉上，用黏合剂粘贴。

3 用黏合剂在花朵部件上粘贴棉花珍珠。

4 用平嘴钳将花蕊每隔1根夹向棉花珍珠。

5 花蕊夹好了。

串珠和珍珠：21 制作方法：**p.047**

珍珠项链、耳钉

将珍珠穿在一起，
制作一条双层项链和一条单层项链。
中间加入迷你小珍珠，看起来更加华美。
还可以搭配只需粘贴即可完成的耳钉。

21 珍珠项链、耳钉

Ⅱ　Ⅰ

Ⅲ

成品尺寸：
<Ⅰ> 项链40cm
<Ⅱ> 项链42cm
<Ⅲ> 珍珠直径0.8cm

材 料

<Ⅰ>
· 天蚕丝（3号）
· 定位珠（1.5mm、金色）…2颗
· 夹扣（2mm、金色）…2个
· a. 树脂珍珠（圆形、8mm、白色）…40颗
· b. 树脂珍珠（圆形、2mm、白色）…39颗
· OT扣（扣环8mm×11mm、柱长11mm、金色）…1组

<Ⅱ>
· 天蚕丝（3号）
· 定位珠（1.5mm、金色）…4颗
· 夹扣（2mm、金色）…4个
· a. 树脂珍珠（8mm、白色）…40颗
· b. 树脂珍珠（2mm、白色）…85颗
· c. 树脂珍珠（7mm、白色）…47颗
· d. OT扣（扣环8mm×11mm、柱长11mm、

金色）…1组
· e. 圆环（0.7mm×4mm、金色）…2个
· f. 连接扣（双排、8mm×7mm、金色）…2个

<Ⅲ>
· a. 树脂珍珠（圆形、单孔、8mm、白色）…2颗
· 耳钉（托盘式、5mm、金色）…1对

工 具

剪刀、黏合剂、竹签、锥子、平嘴钳、圆嘴钳

制作方法<Ⅰ>

用夹扣和定位珠制作收尾部件

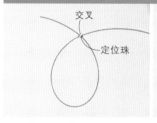

交叉
定位珠

1 将天蚕丝剪下50cm。端头穿上定位珠，打结。

2 用平嘴钳把定位珠夹扁。

3 将天蚕丝的一端剪断。用竹签蘸取黏合剂，涂抹在剪断的天蚕丝端头。

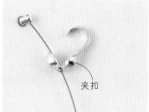

夹扣

4 从下方穿入夹扣。

5 用平嘴钳使夹扣闭合。

穿上珠子

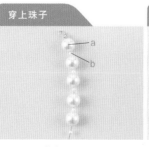

a
b

6 交叉着穿上40颗a、39颗b。

用夹扣和定位珠制作收尾部件

定位珠

夹扣

7 穿好珠子后，依次穿上夹扣、定位珠。

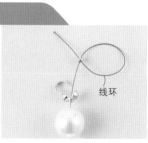

线环

8 再次将天蚕丝穿入定位珠。

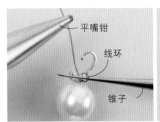

安装连接扣

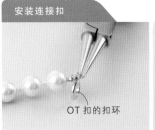

平嘴钳
线环
锥子

OT 扣的扣环

9 将锥子插入线环，用平嘴
钳拉紧天蚕丝，将定位珠
移至夹扣里面，拉紧。

10 和步骤2~5相同，夹扁
定位珠，用黏合剂固定，
闭合夹扣。

11 一端连接OT扣的扣环。

12 用平嘴钳闭合。

OT 扣的柱子

13 另一端连接OT扣的柱子，
闭合。

制作方法 < Ⅱ >

1 按照作品 < Ⅰ > 步骤 **1 ~ 10** 的
方法，制作 **A**、**B** 珠链。

a40 颗

b39 颗

A

夹扣

夹扣

B

c47 颗

b46 颗

2 参照图示，将各个零部件
连接起来。注意，让 **A** 位
于外侧。

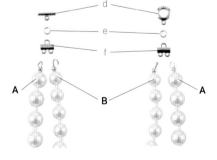

d

e

f

A

B

A

制作方法 < Ⅲ >

1 在耳钉的长钉上，用竹签
涂抹黏合剂。

2 将 a 穿在长钉上。

a

涂抹黏合剂

耳钉

HANDMADE
ACCESSORIES
BOOK

—

Part
2

UV胶小饰品
UV ADHESIVE

01

02

UV 胶小饰品：01   制作方法：**p.052**

UV 胶花朵耳饰

将喜欢的花朵封闭在 UV 胶中，做出喜欢的形状，
做成耳饰。
在花朵的颜色和排列上下功夫，
就会做出很有风格的首饰。

UV 胶小饰品：02   制作方法：**p.053**

UV 胶含羞草耳饰

含羞草和蕾丝花组成的耳饰，
很适合在春天佩戴。
改变形状，会有不一样的感觉。

UV ADHESIVE

透明世界中
绽放不凋零的花

UV 胶花朵耳饰

材 料	※1对用量

<通用>
· UV胶
· 干花、压花（I…绣球花、满天星等；Ⅱ…蕾丝花、满天星等）

<I>
· 耳夹（螺丝式、圆盘、4mm、金色）…1对

<Ⅱ>
· 耳钉（圆盘、4mm、金色）…1对

工 具

硅胶模具（I…五边形、边长1.2cm；Ⅱ…三角形、边长1.7cm）、UV灯、竹签、黏合剂

成品尺寸：
<I> 边长1.2cm的五边形
<Ⅱ> 边长1.7cm的三角形

制作方法

制作 UV 胶部件

1 在硅胶模具中倒一半UV胶，使用竹签在里面摆好干花和压花。

2 用UV灯照射使其硬化。

3 在硅胶模具中注满UV胶。

4 用UV灯照射使其硬化。

5 从模具中取出，在表面再涂一层UV胶。

6 用UV灯照射使其硬化。

组合方法

7 用黏合剂在反面粘贴金属耳夹（耳钉）。在耳夹（耳钉）周围涂抹UV胶，用UV灯照射使其硬化。

UV 胶小饰品：02 | **UV 胶含羞草耳饰**

| 材 料 | ※1对用量

- UV胶
- 干花（含羞草、蕾丝花）
- 羊眼扣（5.5mm×2mm、金色）…2个
- a. 耳夹（螺丝式、5mm、金色）…1对
- b. 耳钩（银色）…1对
- c. 圆环（0.7mm×3.5mm、金色）…4个
- d. 双头圆环金属丝（0.4mm×20mm、金色）…2根

| 工 具

硅胶模具（Ⅰ… 六边形、2cm×1cm；Ⅱ… 五边形、1.8cm×1.4cm）、UV灯、竹签、平嘴钳、圆嘴钳、手动打孔器

成品尺寸：
<Ⅰ>坠饰长4.5cm
<Ⅱ>坠饰长4.5cm

| 制作方法

| 制作 UV 胶部件

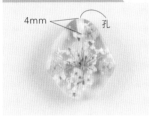  

4mm　孔

羊眼扣

1 参照 p.052 步骤**1~6**，用硅胶模具制作UV胶部件。继续在反面涂抹UV胶，然后照射使其硬化。用手动打孔器在顶部打孔。

2 在步骤**1**打孔处，插入连接UV胶部件用的羊眼扣。

3 用UV灯照射使其硬化。

| 组合方法

参照图示，将各个零部件连接起来（参照p.016）。

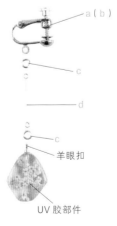

a（b）

c

d

c

羊眼扣

UV 胶部件

03

04

UV 胶小饰品：03　　制作方法：**p.055**

UV 胶繁花发饰

想简单地装饰一下头发时，
用植物风情的发圈和发卡，五彩缤纷的。
UV 胶的透明感，给人一种清凉的感觉。

UV 胶小饰品：04　　制作方法：**p.056**

UV 胶绣球花耳饰

雅致的绣球花耳饰。
侧面也涂抹 UV 胶硬化处理了，
厚墩墩的，很可爱。

| **UV 胶繁花发饰**

I
II
III

VI
IV
V

成品尺寸：
< I、II、III > 4.5cm×1cm
< IV、V、VI > 边长2.5cm的三角形

| 材 料 | ※1个用量

<通用>
· UV胶
· 干花、压花（满天星、蕾丝花、绣球花等）

< I、II、III >
· 发卡（32mm×5mm、金色）…1个

< IV、V、VI >
· 发圈（松紧圈、圆盘、13mm、金色）…1个

| 工 具 |

硅胶模具（ I、II、III … 长方形、4.5cm×1cm；IV、V、VI…三角形、边长2.5cm）、UV灯、竹签、黏合剂

制作方法< I、II、III >

制作 UV 胶部件

组合方法

1 参照p.052步骤**1~6**，用长方形模具制作UV胶部件。

2 用黏合剂在反面粘贴发卡。在发卡周围涂抹UV胶，用UV灯照射使其硬化。

制作方法< IV、V、VI >

制作 UV 胶部件

组合方法

1 参照p.052步骤**1~6**，用三角形模具制作UV胶部件。

2 用黏合剂在反面粘贴发圈。在圆盘周围涂抹UV胶，用UV灯照射使其硬化。

UV 胶小饰品：04 | **UV 胶绣球花耳饰**

<table>
<tr><td>材 料</td><td colspan="2">※1对用量</td><td>工 具</td></tr>
</table>

材 料　※1对用量

· UV胶
· 压花（绣球花）…4色×各2片
· a. 耳钩（银色）…1对
· b. 耳夹（螺丝式、5mm、金色）…1对
· c. 圆环（0.7mm×3.5mm、金色）…2个
· d. 三角环（0.6mm×5mm、金色）…2个

工 具

硅胶模具（圆形、1.5cm）、UV灯、竹
签、黏土、手动打孔器

成品尺寸：
坠饰直径1.5cm

制作方法

制作 UV 胶部件

1 参照p.052步骤**1~4**，用圆形模具制作UV胶部件。将部件放在黏土上并固定好，在侧面涂抹UV胶。

2 用UV灯照射使其硬化。改变固定位置，再次涂抹UV胶并硬化。继续在正面和反面涂抹UV胶，然后硬化。

2mm　孔

3 用手动打孔器在顶部打孔。

组合方法

参照图示，将各个零部件连接起来（参照p.016）。

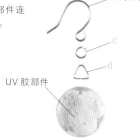

a（b）

c

d

UV 胶部件

Part
3

热缩片首饰

HEAT SHRINK SHEETS

热缩片首饰：01 　　　制作方法：**p.059**

个性鲜明的热缩片耳饰

随心所至，涂上喜欢的颜色制作耳饰。
用丙烯颜料上色，颜色交汇也没事。

01/

彰 独
显 一
自 无
我 二

HEAT SHRINK SHEETS

热缩片首饰：**01**　　个性鲜明的热缩片耳饰

材料	※1对用量

- 热缩片（3mm厚）…10cm×5cm
- UV胶
- 白板（热缩片用的背板、3mm厚）…10cm×5cm
- 耳钉（圆盘、4mm、金色）…1对/耳夹（螺丝式、圆盘、4mm、金色）…1对

工具

砂纸（#240）、黑纸、圆珠笔、画笔、丙烯颜料、剪刀、烤箱、锡纸、木筷、UV灯、厚书、黏合剂

成品尺寸：约1.5cm×1.5cm

I
II
III
IV
V

制作方法

用砂纸打磨

描绘图案

1 将热缩片放在黑纸上，用砂纸在上面像画圆那样打磨一遍。

2 在p.060的图案上放上步骤**1**的热缩片，用圆珠笔描绘图案轮廓。

3 用丙烯颜料按照图案涂色。因为热缩片收缩后颜色会变深，所以涂薄一点。

4 用剪刀沿着图案轮廓剪下。

放在烤箱里烤一下

裁剪热缩片

5 把锡纸随意揉揉，然后展开，铺在烤架上。烤箱充分预热，放入热缩片。

6 过一会儿热缩片开始收缩。收缩后，用木筷取出。

7 放在平面上，用厚书将其压平。静待冷却。

8 在涂抹颜料的一面涂上黏合剂，粘贴在白板上。黏合剂干燥后，用剪刀剪掉白板多余的部分。

9 在热缩片上涂上UV胶。

10 用UV灯照射使其硬化。

11 用黏合剂在反面粘贴金属耳钉（耳夹）。在耳钉（耳夹）四周涂抹UV胶。

12 用UV灯照射使其硬化。

实物大小的图案

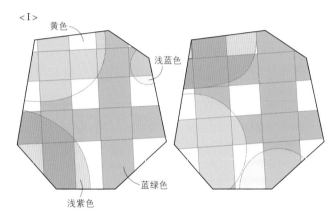

< I >

黄色

浅蓝色

蓝绿色

浅紫色

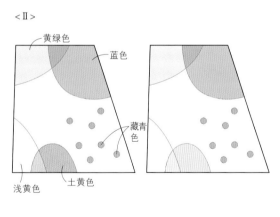

< II >

黄绿色

蓝色

藏青色

浅黄色

土黄色

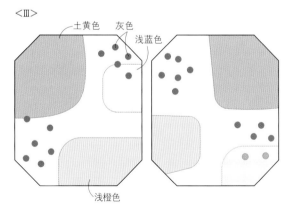

< III >

土黄色　灰色

浅蓝色

浅橙色

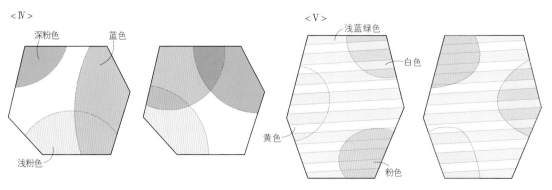

< IV >

深粉色　　蓝色

浅粉色

< V >

浅蓝绿色

白色

黄色

粉色

热缩片首饰：02 　　　制作方法：**p.062**

摇曳多姿的热缩片耳坠

用圆环将热缩片连在耳钩（耳夹）上，在耳畔摇曳生辉。
形状和图案，都可以根据自己的喜好设计。

热缩片首饰：02　　摇曳多姿的热缩片耳坠

成品尺寸：
<Ⅰ、Ⅲ、Ⅴ> 三角形、边长2cm
< Ⅱ、Ⅳ > 2cm×0.7cm

材 料	※1对用量

· 热缩片（3mm厚）…15cm×10cm
· UV胶
· a. 耳钩（银色）…1对
· b. 耳夹（螺丝式、5mm、金色）…1对
· c. 圆环（0.7mm×3.5mm、金色）…2个
· d. 圆环（0.7mm×5mm、金色）…2个

工 具

砂纸（#240）、黑纸、圆珠笔、画笔、丙烯颜料、剪刀、烤箱、锡纸、木筷、UV灯、厚书、圆孔冲（3mm孔）、平嘴钳、圆嘴钳

制作方法

制作热缩片部件

圆孔

1 用砂纸打磨热缩片后在上面描绘图案，再涂上丙烯颜料，裁剪（参照p.059步骤1~4）。用圆孔冲在相应位置打孔。

涂抹UV胶

2 用烤箱加热，使热缩片收缩。涂抹UV胶并用UV灯照射使其硬化，注意不要堵塞圆孔。（参照p.059步骤5~7、p.060步骤9、10）

3 反面也同样涂抹UV胶并用UV灯照射使其硬化。

组合方法

参照图示，将各个零部件连接起来（参照p.016）。

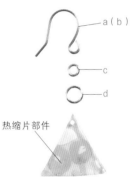

a（b）

c

d

热缩片部件

实物大小的图案

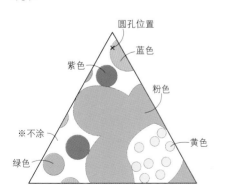

<Ⅰ>

圆孔位置
紫色
蓝色
粉色
※不涂
绿色
黄色

圆孔位置

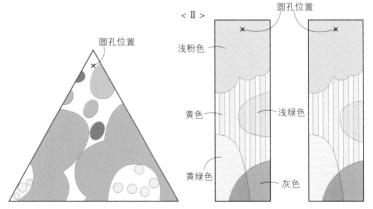

<Ⅱ>

圆孔位置
浅粉色
黄色
黄绿色
浅绿色
灰色

<Ⅲ>

圆孔位置

黄色

浅橙色

浅绿色

※不涂

白色

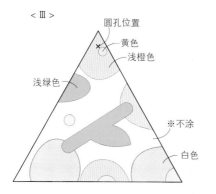

圆孔位置

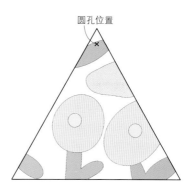

<Ⅳ>

圆孔位置

紫色

灰色

蓝色

蓝绿色

黄绿色

蓝绿色

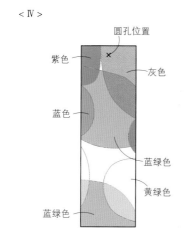

圆孔位置

<Ⅴ>

圆孔位置

※不涂

红色

蓝色

黄绿色

银色

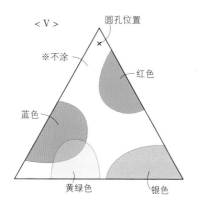

圆孔位置

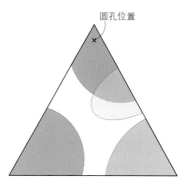

花朵造型的胸针

猫头鹰悄悄地立在花朵上。
制作不同颜色的，还可以一次戴两个。

热缩片首饰：04　　　│制作方法：**p.067**

小熊和雨伞热缩片胸针

装饰在外套的领口或披肩上，摇曳生姿。
用彩铅上色，浅淡的颜色给人雅致的感觉。

热缩片首饰：**03**	**花朵造型的胸针**

材料 ※1个用量

· 热缩片（3mm厚）…10cm×10cm
· 胸针托（别针式、20mm、金色）…1个
· UV胶

工具

砂纸（#240）、黑纸、剪刀、黏合剂、彩铅、3D彩笔（金色）、烤箱、锡纸、木筷、厚书、UV灯、竹签

成品尺寸：3.5cm×2cm

制作方法

用砂纸打磨

1 将热缩片放在黑纸上，用砂纸在上面像画圆那样打磨一遍。

2 需要描绘图案的地方全部打磨。

描绘图案

3 在p.066的黑线图案上放上步骤**2**的热缩片，用白色铅笔描绘图案。

4 将热缩片放在黑纸上，确认图案是否有遗漏。

5 将步骤**4**的热缩片放在彩色图案上，用彩铅涂色。此时，藏青色和金色部分不涂。

6 藏青色和金色之外的颜色涂好了。因为热缩片收缩后颜色会变深，所以涂薄一点。

7 用藏青色铅笔，从上面开始沿着藏青色部分描绘。

8 用金色3D彩笔，从上面开始涂上金色。

裁剪热缩片

9 从容易裁剪的位置入刀裁剪。惯用右手的人，在轮廓右侧入刀开始裁剪。

10 不好裁剪的部分，上下倒过来继续裁剪。

用烤箱烤

11 和p.059步骤**5**相同，烤箱充分预热，放入热缩片。

12 过一会儿热缩片开始收缩。

13 收缩后，用木筷夹出。

14 放在平面上，再用厚书将其压平。等它冷却。

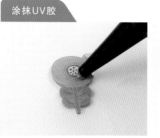

15 描绘图案的一面朝上，涂抹UV胶。

16 有气泡的地方，用竹签刺破。

17 用UV灯照射使其硬化。

18 硬化后取出，再次全面涂抹UV胶。

19 用UV灯照射使其硬化。

20 在反面涂抹黏合剂，粘贴在胸针托上。

实物大小的图案

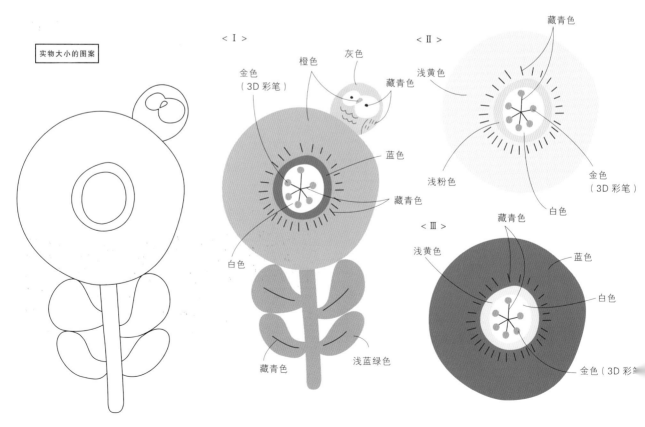

< Ⅰ >

金色
（3D 彩笔）
橙色
灰色
藏青色
蓝色
藏青色
白色
藏青色
浅蓝绿色

< Ⅱ >

藏青色
浅黄色
浅粉色
金色
（3D 彩笔）
白色

< Ⅲ >

藏青色
浅黄色
蓝色
白色
金色（3D 彩笔

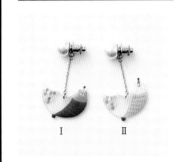

热缩片首饰：**04**　　　**小熊和雨伞热缩片胸针**

材料	※ 1个用量

- 热缩片（3mm厚）…10cm×10cm
- UV胶
- a. 树脂珍珠（四分之三珠、单孔、12mm、底部 8mm、白色）…1颗
- b. 胸针托（钉式、圆盘、8mm、金色）…1个
- c. 圆环（0.7mm×4mm、金色）…2个
- d. 圆环（0.6mm×3mm、金色）…2个
- e. 链子（椭圆环、1.7mm、金色）…20mm

工具

砂纸（#240）、黑纸、剪刀、黏合剂、彩铅、3D彩笔（金色）、烤箱、锡纸、木筷、厚书、UV灯、竹签、圆孔冲（3mm孔）、平嘴钳、圆嘴钳

成品尺寸：
热缩片部件约3cm×3cm

制作方法

1 按照p.065、p.066步骤 **1~19**的方法，制作热缩片部件。放入烤箱之前，用圆孔冲在相应位置打孔。

2 参照图示，将各个零部件连接起来（参照p.016）。

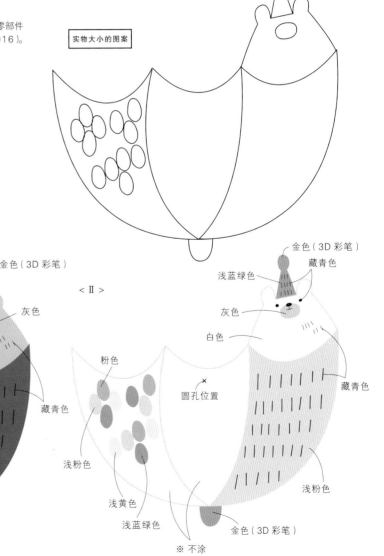

（用黏合剂将 a 粘贴在 b 上）

圆孔

金色（3D 彩笔）

热缩片部件

实物大小的图案

< I >

浅黄色
藏青色
白色
灰色
藏青色
蓝色
蓝色
浅粉色
浅黄色
浅蓝绿色
圆孔位置
金色（3D 彩笔）
※ 不涂

< II >

金色（3D 彩笔）
藏青色
浅蓝绿色
灰色
白色
粉色
圆孔位置
藏青色
浅粉色
浅粉色
浅黄色
浅蓝绿色
金色（3D 彩笔）
※ 不涂

05

06

可爱的小物陪在身边

HEAT SHRINK SHEETS

＊模特佩戴的首饰：p.068-05

热缩片首饰：05　　制作方法：p.070

猫头鹰和花朵热缩片项链

花朵和猫头鹰图案的项链，款式设计比较适合成
人佩戴。
加上珍珠，看起来更加雅致。

热缩片首饰：06　　制作方法：p.070

草莓和白兔热缩片项链

这款项链不仅有草莓，还用可爱的小白兔进行点缀。
一旁的叶子，也是亮点。

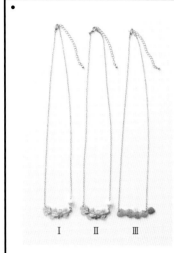

I II III

成品尺寸：
< I、II > 热缩片部件3.5cm×1.5cm
< III > 热缩片部件4cm×1.5cm

| 热缩片首饰：05 | 猫头鹰和花朵热缩片项链 |
| 热缩片首饰：06 | 草莓和白兔热缩片项链 |

材料 ※1条用量

< 通用 >
· 热缩片（3mm厚）…15cm×10cm
· UV胶
< I、II >
· a. 龙虾扣（10mm×5mm、金色）…1个
· b. 圆环（0.6mm×3mm、金色）…5个
· c. 圆环（0.7mm×4mm、金色）…2个
· d. 链子（椭圆环、1.7mm、金色）…40cm
· e. 调节链（60mm、金色）…1条
· f. 树脂珍珠（圆形、7mm、白色）…1颗
· g. 9字针（0.5mm×20mm、金色）…1根
< III >
· a. 龙虾扣（10mm×5mm、金色）…1个
· b. 圆环（0.6mm×3mm、金色）…5个
· c. 圆环（0.7mm×4mm、金色）…3个
· d. 链子（椭圆环、1.7mm、金色）…40cm
· e. 调节链（60mm、金色）…1条

工具

砂纸（#240）、黑纸、剪刀、彩铅、3D彩笔（金色）、烤箱、锡纸、木筷、厚书、UV灯、竹签、圆孔冲（3mm孔）、平嘴钳、圆嘴钳、斜嘴钳

制作方法

1　按照p.065、p.066步骤 1~19的方法，制作热缩片部件。放入烤箱之前，用圆孔冲在相应位置打孔。

2　参照图示，将各个零部件连接起来（参照p.016）。

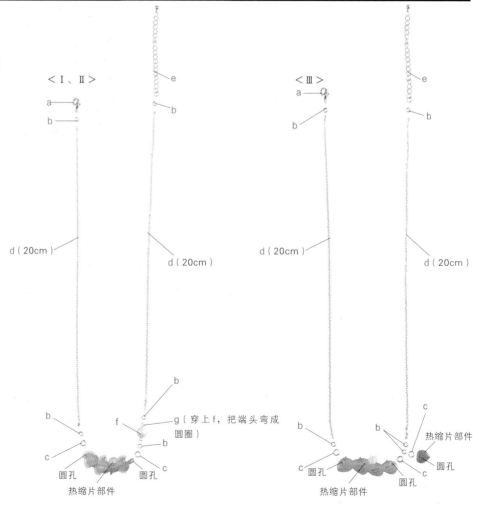

< I、II >
a
b
e
b
d（20cm）
d（20cm）
b
b
f
g（穿上f，把端头弯成圆圈）
b
c
c
圆孔
圆孔
热缩片部件

< III >
a
b
e
b
d（20cm）
d（20cm）
b
b
c
c
c
c
热缩片部件
圆孔
圆孔
热缩片部件
圆孔

< Ⅰ、Ⅱ >

< Ⅲ >

< Ⅰ >

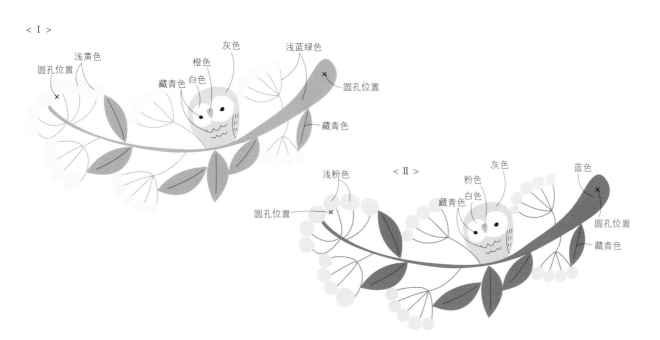

圆孔位置　浅黄色　　藏青色 白色　橙色　灰色　浅蓝绿色

圆孔位置

藏青色

< Ⅱ >　　浅粉色　　藏青色 白色 粉色 灰色　蓝色

圆孔位置

圆孔位置

藏青色

< Ⅲ >

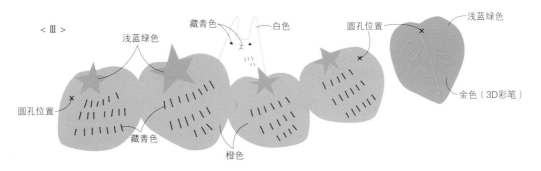

浅蓝绿色

藏青色　白色　　圆孔位置　浅蓝绿色

圆孔位置

金色（3D彩笔）

藏青色

橙色

07

08

热缩片首饰：07 　　制作方法：**p.074**

果实和小熊热缩片耳饰

用刺绣线做成的线球是果实，
使用浅色调和热缩片搭配，给人柔和的感觉。

热缩片首饰：08 　　制作方法：**p.075**

撑雨伞的小熊热缩片耳饰

打开的雨伞图案很有意思，用作耳饰挺有趣的。
用T形针和珍珠制作摇曳多姿的简单装饰。

07

HEAT SHRINK SHEETS

可爱小熊蹲在丰硕的果实上

＊模特佩戴的首饰：**p.072－07**

09

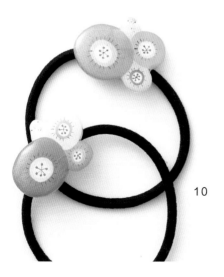

10

热缩片首饰：**09／10** ｜ 制作方法：**p.077／p.078**

藏身林间的小熊热缩片发圈／
花鸟图案热缩片发圈

小动物若无其事地趴在花草上，
让普通的发圈变得生动活泼起来。

果实和小熊热缩片耳饰

材料	※1对用量

- 热缩片（0.3mm厚）…15cm×10cm
- UV胶
- a. 圆环（0.7mm×4mm）…4个
- b. 圆环（0.6mm×3mm）…2个
- 木珠（圆形、8mm、原色）…6颗
- T形针（0.5mm×15mm、金色）…6根
- 线（25号刺绣线/Ⅰ…浅粉色；Ⅱ…浅黄色）
- c. 耳钉（圆盘、6mm、金色）…1对
- d. 耳夹（螺丝式、圆盘、8mm、金色）…1对

工具

砂纸（#240）、黑纸、剪刀、黏合剂、彩铅、3D彩笔（金色）、烤箱、锡纸、木筷、厚书、UV灯、竹签、圆孔冲（3mm孔）、平嘴钳、圆嘴钳、串珠针

成品尺寸：3cm×2.5cm

制作方法

1 按照p.065、p.066步骤 **1~19**的方法，制作热缩片部件。放入烤箱之前，用圆孔冲在相应位置打孔。

2 参照图示，将各个零部件连接起来（参照p.016）。

3 用黏合剂在反面粘贴金属耳钉（耳夹）。

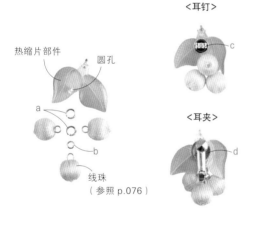

＜耳钉＞

＜耳夹＞

实物大小的图案

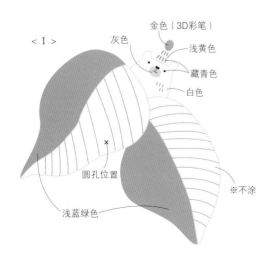

＜Ⅰ＞

金色（3D彩笔）
灰色
浅黄色
藏青色
白色
圆孔位置
※不涂
浅蓝绿色

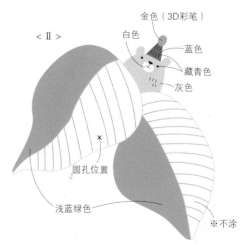

＜Ⅱ＞

金色（3D彩笔）
白色
蓝色
藏青色
灰色
圆孔位置
浅蓝绿色
※不涂

热缩片首饰：**08**　　撑雨伞的小熊热缩片耳饰

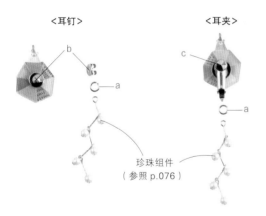

Ⅰ　　Ⅱ

成品尺寸：长6cm

材 料	※1对用量

- 热缩片（3mm厚）…10cm×10cm
- UV胶
- a. 圆环（0.7mm×4mm，金色）…2个
- T形针（0.5mm×15mm，金色）…10根
- 树脂珍珠（圆形，3mm，白色）…10颗
- b. 耳钉（圆盘，6mm，金色）…1对
- c. 耳夹（螺丝式，圆盘，8mm，金色）…1对

工 具

砂纸（#240）、黑纸、剪刀、黏合剂、彩铅、3D彩笔（金色）、烤箱、锡纸、木筷、厚书、UV灯、竹签、平嘴钳、圆嘴钳

制作方法

1 按照p.065、p.066步骤 **1~19**的方法，制作热缩片部件。

2 参照图示，将各个零部件连接起来（参照p.016）。

3 用黏合剂在反面粘贴金属耳钉（耳夹）。

实物大小的图案

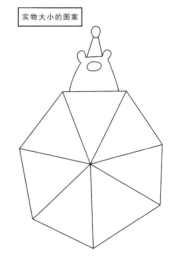

<耳钉>　　　　<耳夹>

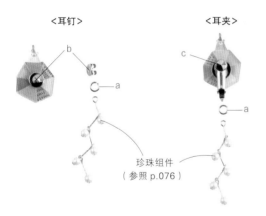

b
a
c
a

珍珠组件
（参照 p.076）

< Ⅰ >

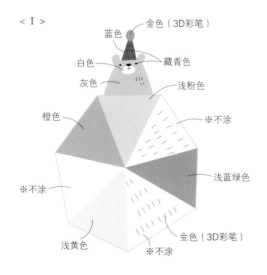

金色（3D彩笔）
蓝色
白色 ——— 藏青色
灰色
橙色 ——— 浅粉色
※不涂
※不涂 ——— 浅蓝绿色
浅黄色
金色（3D彩笔）
※不涂

< Ⅱ >

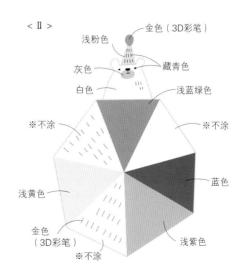

金色（3D彩笔）
浅粉色
灰色 ——— 藏青色
白色 ——— 浅蓝绿色
※不涂 ——— ※不涂
浅黄色 ——— 蓝色
金色
（3D彩笔）
※不涂 ——— 浅紫色

制作线珠

1 将刺绣线剪下35cm。

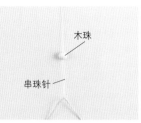

木珠
串珠针

2 将刺绣线（取6根）穿在串珠针上，穿上木珠。

3 穿好的样子。

4 再次将串珠针穿入步骤**2**的木珠孔中。

5 让刺绣线排列整齐。

6 重复步骤**4**，直至看不见木珠。

7 在上面打2次单结。

★

8 剪掉多余的线头，用竹签将线结塞入木珠孔中。

★

9 线珠做好了。

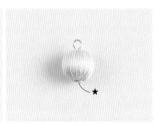

★

★

10 从★处穿入T形针，用圆嘴钳把端头弯成圆圈（参照p.016）。

制作珍珠组件

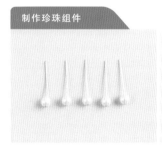

1 将5根T形针分别穿上珍珠。

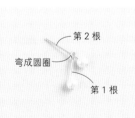

第2根
弯成圆圈
第1根

2 将第1根T形针的端头用圆嘴钳弯成圆圈（参照p.016）。将第2根T形针从第1根的圆圈中穿过。

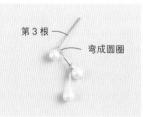

第3根
弯成圆圈

3 将第2根T形针的端头用圆嘴钳弯成圆圈，穿上第3根T形针。

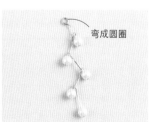

弯成圆圈

4 按照相同方法连接5根T形针。第5根T形针的端头也弯成圆圈。

热缩片首饰：09　藏身林间的小熊热缩片发圈

材 料	※1个用量

· 热缩片（0.3mm厚）···10cm×10cm
· UV胶
· 发圈（松紧圈、圆盘、13mm、金色）···1个

成品尺寸：热缩片部件直径2.5cm

工 具

砂纸（#240）、黑纸、剪刀、黏合剂、彩铅、3D彩笔（金色）、烤箱、锡纸、木筷、厚书、UV灯、竹签

制作方法

1　按照p.065、p.066步骤 **1~19** 的方法，制作热缩片部件。

2　在热缩片部件的反面涂黏合剂，粘贴在发圈的圆盘上。

实物大小的图案

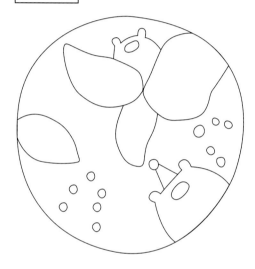

<Ⅰ>

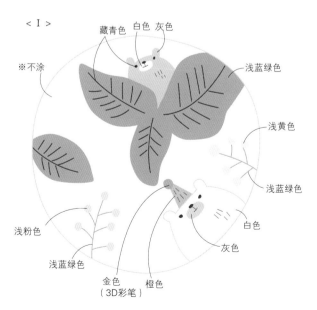

藏青色　白色　灰色
※不涂
浅蓝绿色
浅黄色
浅蓝绿色
白色
灰色
浅粉色
浅蓝绿色
金色（3D彩笔）　橙色

<Ⅱ>

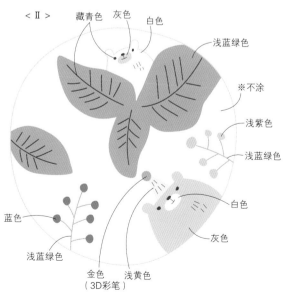

藏青色　灰色　白色
浅蓝绿色
※不涂
浅紫色
浅蓝绿色
白色
灰色
蓝色
浅蓝绿色
金色（3D彩笔）　浅黄色

热缩片首饰：**10** 花鸟图案热缩片发圈

材 料 ※1个用量

· 热缩片（0.3mm厚）…10cm×10cm
· UV胶
· 发圈（松紧圈、圆盘、13mm、金色）…1个

工 具

砂纸（#240）、黑纸、剪刀、黏合剂、彩铅、3D彩笔（金色）、烤箱、锡纸、木筷、厚书、UV灯、竹签

成品尺寸：3cm×2.5cm

制作方法

1 按照p.065、p.066步骤**1~19**的方法，制作热缩片部件。

2 在热缩片部件的反面涂黏合剂，粘贴在发圈的圆盘上。

< I >

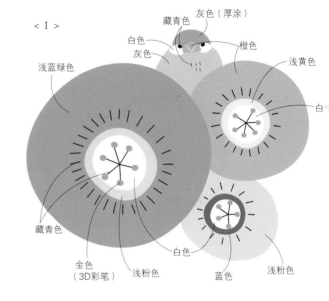

灰色（厚涂）
藏青色
白色
灰色
橙色
浅黄色
浅蓝绿色
白
藏青色
白色
金色（3D彩笔）
浅粉色
蓝色
浅粉色

实物大小的图案

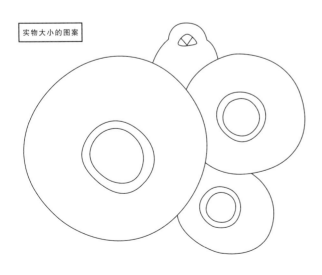

< II >

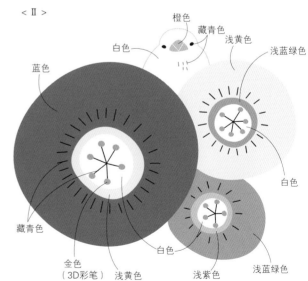

橙色
白色
藏青色
浅黄色
蓝色
浅蓝绿色
白色
藏青色
白色
金色（3D彩笔）
浅黄色
浅紫色
浅蓝绿色

Part
4

—

流苏

TASSEL

Les plus délicieuses Chanfons de Béranger

流苏：01 　制作方法：**p.082**

七彩流苏耳坠

选择三种喜欢的颜色，制作漂亮的耳坠。
可以通过裁剪来调整流苏的长度。

流苏：02　│　制作方法：p.088

长流苏耳坠

长长的流苏，适合搭配简单的 T 恤或毛衣。
用有光泽的线制作，看起来会更加雅致。

流苏：01 七彩流苏耳坠

材料 ※1对用量

- 线（腈纶线、桃线/Ⅰ…蓝色、原白色、粉色；Ⅱ…浅绿色、浅橙色、原白色；Ⅲ…橙色、蓝绿色、原白色；Ⅳ…粉色、浅紫色、浅黄色）
- 钢丝绳（0.6mm、金色）…50cm
- 圆环（0.6mm×3mm、金色）…2个
- 串珠（大圆珠、金色）…2颗
- a. 耳环（20mm、金色）…1对
- b. 耳夹（螺丝式、4mm、金色）…1对
- c. 金属装饰（花朵、带环、11mm×11.5mm、金色）…2个

工具

剪刀、平嘴钳、圆嘴钳、梳子

成品尺寸：
<Ⅰ、Ⅱ> 坠饰长3cm
<Ⅲ、Ⅳ> 坠饰长4cm

制作方法

制作穗子

1 将3种颜色的线分别取1/4束，剪成7cm。

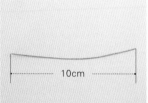

2 剪一根10cm的钢丝绳。

3 在钢丝绳上穿上圆环，对折。在2根钢丝绳上穿上串珠。

4 在线束中心，用步骤3的钢丝绳打2次单结。

用钢丝绳缠绕

5 让钢丝绳在里边，对折。

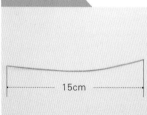

6 剪一根15cm的钢丝绳。

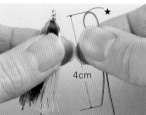

7 用左手将穗子捏紧。钢丝绳在距离端头4cm处弯折，用右手拿好。

8 将钢丝绳和穗子重合，再在3cm处弯折，然后开始缠绕。

9 缠绕1圈钢丝绳。

10 继续缠绕4圈。

11 一共缠绕5圈。

12 将钢丝绳拉紧。

13 使劲拉上侧的环，直到看不见下侧的环为止。

14 缠好后，将绳头塞到环里。

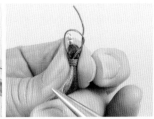

15 继续拉紧环。

16 拉好了。

17 剪断上下两端的钢丝绳。

整理形状

18 剪断里面的钢丝绳，以从外面看不见为准。

19 用梳子整理穗子。

20 用剪刀将穗子的长度修剪成3cm。

组合方法　参照图示，将各个零部件连接起来（参照p.016）。

< 耳环 >

a

流苏

< 耳夹 >

b

c

流苏

TASSEL

华美别致
引人注目

＊模特佩戴的首饰：p.085-03

流苏：03 | 制作方法：**p.086**

花式流苏耳夹

使用有特色的花式线，制作华美的流苏耳夹。
将装饰绳粘贴在莲蓬头上，制作耳夹底座。

流苏：03 花式流苏耳夹

成品尺寸：5cm×4cm

I
II
III

材料	※1对用量

· 金属丝（#32、银色）…30cm
· 线（花式线4种/I…原白色系；II…蓝色系；III…红色系）…各90cm×4种
· 装饰绳（1.5mm/I…白色；II…紫色；III…橙色）…各60cm
· 串珠（大圆珠、金色）…22颗
· 串珠（大圆珠、白色）…10颗
· 耳夹（莲蓬头、20mm、金色）…1对
· 珠绣用线（金色）

工具

厚纸、平嘴钳、双面胶带、剪刀、黏合剂、手缝针

制作方法

制作穗子

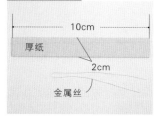

1 将厚纸剪成10cm×2cm的大小。将金属丝剪成15cm，对折。

2 将4种花式线分别剪成45cm。

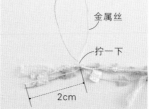

3 将4种线并在一起，用金属丝的中央夹住距离左端2cm处，拧一下。
※为便于理解，金属丝的一端染成了蓝色

4 金属丝朝上，将4根线一起在厚纸上缠绕1圈。

5 线从金属丝中间穿过。

6 将线拉向左侧。

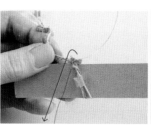

7 将一端金属丝（线下面的金属丝）拉向下方。

8 将线缠绕1圈，从上方的金属丝和厚纸之间穿过。

9 将上方的金属丝拉向下方。

10 将步骤7中拉下来的金属丝拉上去。

11 将线缠绕1圈，从上方的金属丝和厚纸之间穿过。

12 和步骤9~11相同，将线在厚纸上缠绕8圈。将2根金属丝拧一下，固定住。

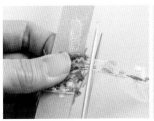

固定装饰绳

13 根据厚纸的宽度,剪去多余的线。

14 将线从厚纸上取下。

15 在莲蓬头上粘贴双面胶带,用剪刀剪掉多出来的部分。

16 揭下双面胶带表面的光纸,从中心开始粘贴装饰绳。

连接各零部件

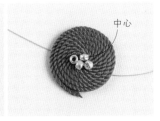

17 一圈圈缠好后,用黏合剂粘贴端头。

18 将穿上珠绣用线的针插入莲蓬头的中心,从反面出针。

19 将金色串珠穿在针上,再次从反面出针。在反面给线头打单结。

20 和步骤**18**、**19**相同,在中心下方1行的3个孔中,分别缝上串珠(金色)。

21 继续在下方1行的5个孔中,缝上串珠(白色)。

22 继续在下方1行的7个孔中,缝上串珠(金色)。缝串珠时,要同时穿入步骤**14**的穗子进行固定。

23 最后的线在反面打单结,在不超过金属底座的地方剪断。

24 用剪刀剪断线后,整理好穗子的形状。

25 将莲蓬头嵌在耳夹托上,用平嘴钳夹紧爪子。此时,为避免夹坏莲蓬头,可以在反面垫上海绵。

26 爪子夹好了。

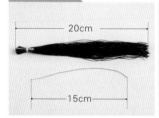

流苏：**02** | **长流苏耳坠**

成品尺寸：坠饰长11cm

材料 ※1对用量

- 线（人造丝线、桃线/I···深绿色；II···藏青色；III···原白色）···各40cm
- 钢丝绳（0.6mm、金色）···80cm
- a. 金属珠托（6mm×2mm、金色）···2个
- b. 亚克力珠（圆形、带纹理、12mm/I···浅绿色；II···藏青色；III···白色）···2颗
- c. 串珠（大圆珠、金色）···2颗
- 圆环（0.6mm×3mm、金色）···2个

< II >
- 耳钩（金色）···1对

< I、III >
- 耳夹（螺丝式、带环、4mm、金色）···1对

工具

剪刀、平嘴钳、圆嘴钳、黏合剂

制作方法

制作穗子

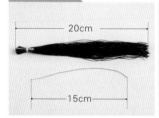

1 将线剪成20cm长。为避免线变乱，在一端用另线系上，打单结。剪一根15cm的钢丝绳。

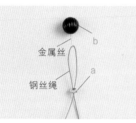

2 将钢丝绳对折，穿上a、b。不容易穿的话，将金属丝对折并挂在钢丝绳上，借助金属丝来穿珠。

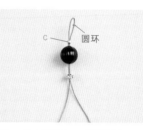

3 从上面穿上c，在绳圈上连接圆环。

4 在步骤**1**的线束中心，用步骤**3**的钢丝绳打2次单结。将端头系的线解开。

用钢丝绳缠绕

5 剪一根25cm长的钢丝绳，开始缠绕。（参照p.082、p.083步骤**7~15**／缠绕7圈）

6 参照p.083步骤**16~18**，将上两端的钢丝绳和流苏里的钢丝绳剪断。

整理形状

7 用剪刀将穗子的长度修剪成9cm。

组合方法

参照图示，将各个零部件连接起来（参照p.016）。

<耳钩>

流苏

<耳夹>

流苏

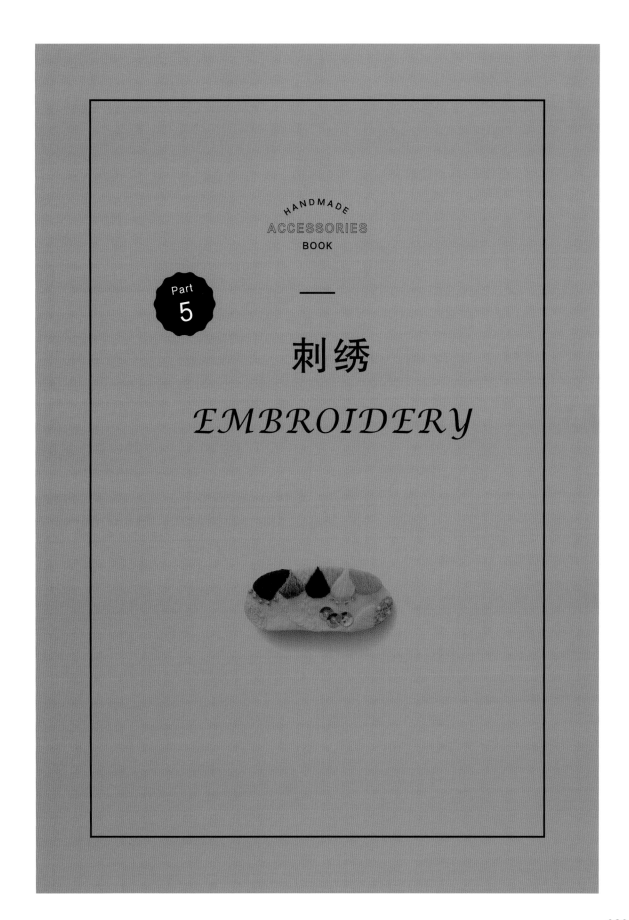

HANDMADE
ACCESSORIES
BOOK

Part
5

—

刺绣

EMBROIDERY

刺绣：01　　　制作方法：**p.091**

毛茸茸刺绣耳饰

用简单的刺绣手法制作不对称的耳饰。
换个颜色，每天都想戴！

刺绣：01　　毛茸茸刺绣耳饰

材料　※1对用量

- 布（平纹布、白色）…15cm×15cm
- 刺绣线（25号刺绣线/I…藏青色；II…红色；III…原白色；IV…灰色）
- 机缝麻线（原白色）
- 串珠（大圆珠、白色）…1颗
- 人造革（1mm厚、褐色）…5mm×5cm
<I、III>
- 串珠（小圆珠、金色）…14~16颗
<II、IV>
- 串珠（小圆珠、金色）…7颗

- 耳夹（板式、平盘、9mm、金色）…1对/
耳钉（圆盘、6mm、金色）…1对

工具

剪刀、手工艺用复写纸、绣绷（8cm）、刺绣针、珠绣针、竹签、黏合剂

成品尺寸：
<绒球耳饰>直径2.8cm
<刺绣耳饰>直径2cm

I
II
III
IV

制作方法

制作刺绣部件

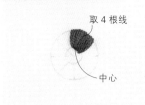

取4根线
中心

1 在布上描绘p.095<刺绣部件>的图案（参照p.018）。用缎面绣填充，呈甜甜圈状（参照p.113/取4根线）。

串珠（白色）
串珠（金色）

2 取2根机缝麻线，在中心缝上串珠（白色）。在四周缝上7颗串珠（金色）。

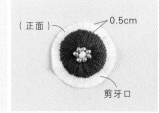

（正面）　0.5cm
剪牙口

3 在刺绣外侧0.5cm处剪开。用剪刀剪出细细的牙口，剪至刺绣处。

（反面）

4 翻到反面，用竹签在牙口处涂抹少量黏合剂，将布边向里粘贴，使正面看不见白布。

制作绒球部件

5 在布上描绘p.095<绒球部件>的图案。将2股（每股6根）刺绣线一起打结，从反面出针，在图案中做法式结粒绣（参照p.113/缠绕4圈）。在I和III上面缝7~9颗串珠（金色）。

（反面）
比图案略小的布

6 和步骤3、4相同。剪一片比图案略小的布，粘贴在反面。

组合方法

7 将人造革剪成指定尺寸（刺绣耳饰：直径1.5cm。绒球耳饰：直径2cm）。

<耳钉>
人造革（反面）
7mm

8 做成耳钉时，用针在人造革上打孔，穿上耳钉，用黏合剂粘贴。将刺绣过的部件粘贴在人造革反面。

<耳夹>
人造革（正面）
7mm

9 做成耳夹时，用黏合剂将人造革粘贴在刺绣部件反面，然后粘贴在耳夹上。

EMBROIDERY

刺绣项链和耳饰
给人别致的视觉亮点

＊模特佩戴的首饰：
p.093 – 02、p.096 – 03

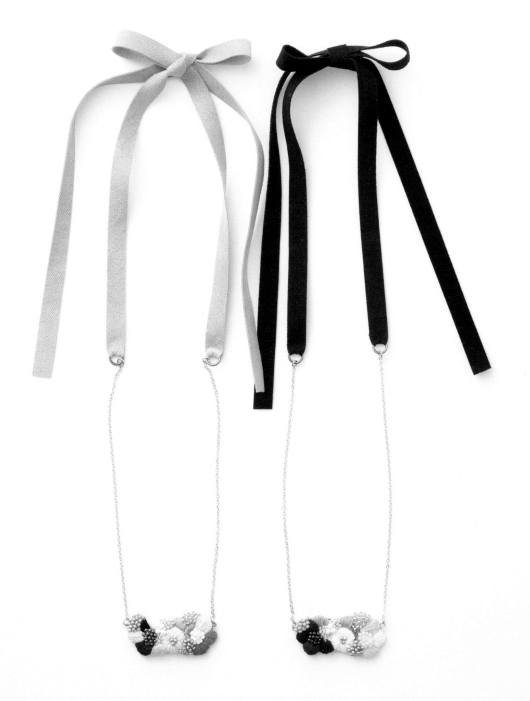

刺绣：02 ｜ 制作方法：**p.094**

创意刺绣项链

很多颜色的线和串珠，组成创意无限的项链。
根据心情，选择做成短项链，或者连接一段蝴蝶结，享受无限乐趣。

创意刺绣项链

成品尺寸：花片5cm×2.5cm

材料 ※1条用量。珠子的颗数默认为作品I，[ ]内是作品II。除指定以外通用

- 布（平纹布、白色）…15cm×15cm
- 刺绣线（25号刺绣线/I…原白色、浅蓝色、藏青色、灰色、黑色、白色、浅橙色、金色、浅紫色、深粉色、橙色；II…白色、紫色、藏青色、黑色、蓝色、土黄色、金色、黄色、白色、浅黄色）
- 机缝麻线（原色）
- a. 串珠（小圆珠、亚蓝色）…18[13]颗
- b. 串珠（小圆珠、靛蓝色）…15[13]颗
- c. 串珠（特小圆珠、亮银色）…7[13]颗
- d. 串珠（大圆珠、亚白色）…3颗
- e. 串珠（得利卡珠、灰色）…11颗
- f. 串珠（小圆珠、亮金色）…13[18]颗
- g. 串珠（小圆珠、亚白色）…13[16]颗
- h. 串珠（小圆珠、金属金色）…18颗
- 人造革（1mm厚、褐色）…6cm×3cm
- 9字针（0.5mm×30mm、金色）…2根
- i. 绒面缎带（宽1cm/I…米色；II…黑色）…94cm
- j. 圆环（1.2mm×8mm、金色）…2个
- k. 圆环（0.6mm×4mm、金色）…4个
- l. 链子（十字链、1mm、金色）…26cm

工具

剪刀、手工艺用复写纸、绣绷（8cm）、刺绣针、珠绣针、竹签、黏合剂、平嘴钳、圆嘴钳、斜嘴钳、锥子

制作方法

| 刺绣 | 缝上珠子 | 组合方法 | |

（正面）

（反面）

折弯　折弯

1 在布上描绘p.095的图案（参照p.018）。参照刺绣位置，取4根绣线做缎面绣（参照p.113）。

2 取2根机缝麻线，参照p.095缝珠子的位置，缝上珠子。按照p.091步骤3的方法剪下布料，剪牙口。

3 按照p.091步骤4的方法，将布边粘贴在反面。

4 用平嘴钳将9字针折弯2次，弯成图中的形状。

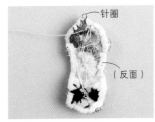
针圈　（反面）

人造革（正面）　针圈　针圈

5 将9字针固定在步骤3中刺绣部件的两端，使9字针的针圈出现在部件外侧。

6 剪一片比图案略小的布，粘贴在刺绣部件反面（参照p.091步骤6）。将人造革剪成图案大小，粘贴在布的上面。

实物大小的图案

< I　刺绣位置 >

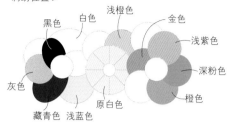

黑色　白色　浅橙色　金色　浅紫色　深粉色　橙色　原白色　浅蓝色　藏青色　灰色

< II　刺绣位置 >

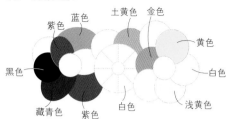

紫色　蓝色　土黄色　金色　黄色　白色　浅黄色　紫色　白色　藏青色　黑色

< I　珠子位置 >

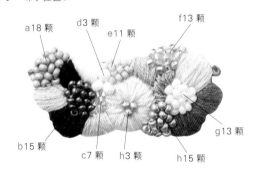

a18 颗　d3 颗　e11 颗　f13 颗　b15 颗　c7 颗　h3 颗　h15 颗　g13 颗

< II　珠子位置 >

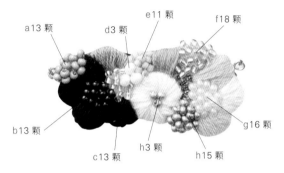

a13 颗　d3 颗　e11 颗　f18 颗　b13 颗　c13 颗　h3 颗　h15 颗　g16 颗

组合方法

按照图示，连接各零部件（参照 p.016）。

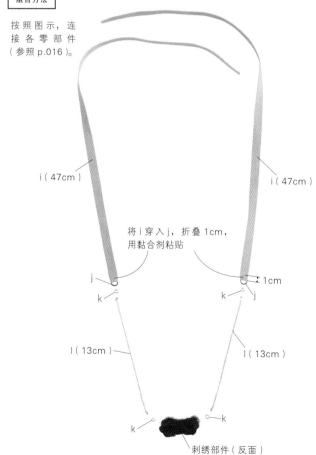

i（47cm）　i（47cm）

将 i 穿入 j，折叠 1cm，用黏合剂粘贴

j　j　1cm

k　k

l（13cm）　l（13cm）

k　k

刺绣部件（反面）

实物大小的图案

● 毛茸茸刺绣耳饰（p.091）

< 刺绣部件 >　< 绒球部件 >

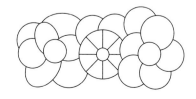

● 创意刺绣项链（p.094）

03

刺绣：03　　制作方法：**p.097**

时尚刺绣耳饰

在聚会或者登台演出等重要的日子，用耳饰装饰出亮丽的耳
畔风景吧。
闪亮的珠子，很引人注目哟。

04

刺绣：04　　制作方法：**p.098**

几何图案刺绣发卡

夹住垂落的头发，
看起来略显成熟一些。
选择喜欢的绣线，绣出喜欢的颜色。

刺绣：**03** 时尚刺绣耳饰

Ⅰ Ⅱ

成品尺寸：花朵装饰2.5cm×2cm

材 料 ※1对用量

- 布（平纹布、白色）…15cm×15cm
- 刺绣线（25号刺绣线/Ⅰ…藏青色、紫色、浅紫色、白色；Ⅱ…原白色、白色、灰色）
- 机缝麻线（原色）
- a. 串珠（大圆珠、亚白色）…7颗
- b. 串珠（小圆珠、金属金色）…16颗
- c. 串珠（小圆珠、亮金色）…10颗
- d. 亮片（6mm、金色）…2个
- e. 串珠（小圆珠、亚白色）…7颗
- f. 串珠（得利卡珠、原色）…3颗
- g. 串珠（特小圆珠、亮银色）…Ⅰ10颗、Ⅱ 13颗
- h. 串珠（得利卡珠、亮白色）…Ⅰ 12颗、Ⅱ

11颗
- i. 串珠（得利卡珠、灰色）…Ⅰ 3颗、Ⅱ 6颗
- j. 金属珠（3mm×2mm）…Ⅰ 2颗、Ⅱ 3颗
- 人造革（1mm厚、褐色）…5cm×5cm
- 耳夹（板式、平盘、9mm、金色）…1对/耳钉（圆盘、6mm、金色）…1对

工 具

剪刀、手工艺用复写纸、绣绷（8cm）、刺绣针、珠绣针、竹签、黏合剂

制作方法

描绘图案

缝上珠子

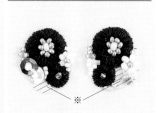

※

1 在布上描绘图案（参照 p.018）。

2 参照刺绣位置，取4根刺绣线做缎面绣（参照 p.113）。取2根机缝麻线，参照缝珠子的位置，缝上珠子。

Ⅰ浅紫色、Ⅱ灰色 ※ 取4根线做法式结粒绣（缠绕2圈）

※Ⅰ、Ⅱ白色线 ※ 取4根线做缎面绣

3 在步骤2的※标记处刺绣。按照p.091步骤**3**、**4**的方法操作。

组合方法

4 将人造革剪成图案大小。按照p.091步骤**6**、**9**的方法组合。

< Ⅰ 刺绣位置 >

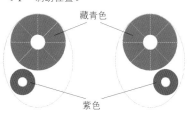

藏青色

紫色

< Ⅱ 刺绣位置 >

原白色

白色

实物大小的图案

< Ⅰ 珠子位置 >

b7颗
a1颗
h3颗
c4颗
c4颗
d2个
e2颗
f3颗
c1颗
g3颗
e5颗
b1颗

b7颗
a1颗
g3颗
b1颗
a5颗
g4颗
j2颗
i3颗
h9颗
c1颗

< Ⅱ 珠子位置 >

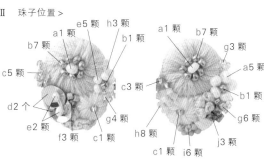

e5颗 h3颗
a1颗
b7颗
b1颗
c5颗
c3颗
d2个
e2颗
g4颗
f3颗
c1颗

a1颗
b7颗
g3颗
a5颗
b1颗
g6颗
h8颗
c1颗 i6颗 j3颗

097

刺绣:○4　几何图案刺绣发卡

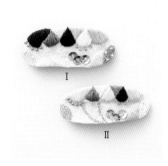

I

II

成品尺寸：7cm×3cm

材料 ※ 1个用量

· 布（平纹布、白色）…15cm×15cm
· 刺绣线（25号刺绣线/I…藏青色、金色、白色、紫色、浅蓝色、灰蓝色、土黄色、浅粉色、原白色、银色；II…浅粉色、金色、白色、原白色、土黄色、藏青色、灰色、银色、灰蓝色）
· 机缝麻线（原色）
· a. 串珠（小圆珠、金属金色）…5颗
· b. 串珠（小圆珠、亮金色）…4颗
· c. 亮片（6mm、金色）…3个

· d. 串珠（得利卡珠、亮白色）…4颗
　　※仅作品I
· e. 串珠（特小圆珠、亮银色）…5颗
　　※仅作品II
人造革（1mm厚、褐色）…10cm×5cm

工具

剪刀、手工艺用复写纸、绣绷（8cm）、刺绣针、珠绣针、竹签、黏合剂

制作方法

1　在布上描绘图案并刺绣，缝上珠子，剪下布块（参照p.091步骤1~3）。

比图案略小的布

（反面）

2　和p.091步骤4、6相同。

人造革（正面）

3　将人造革剪成图案大小，粘贴在步骤2的布的上面。用黏合剂将弹簧卡粘贴在上面。

< I 　刺绣位置 >
★ 没有标记的地方，取4根线做缎面绣（参照p.113）

白色（取4根线做长短针绣，参照p.114）

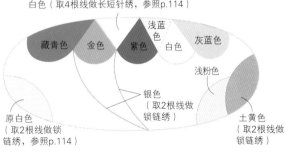

藏青色　金色　紫色　浅蓝色　白色　灰蓝色
浅粉色
银色（取2根线做锁链绣）
原白色（取2根线做锁链绣，参照p.114）
土黄色（取2根线做锁链绣）

< II 　刺绣位置 >

白色（取4根线做长短针绣，参照p.114）　土黄色

浅粉色　金色　原白色　藏青色　原白色
银色（取2根线做锁链绣）
灰色
灰蓝色（取2根线做锁链绣）
白色（取2根线做锁链绣，参照p.114）

实物大小的图案

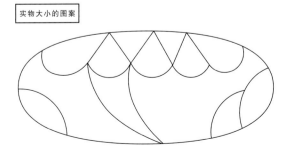

< I 　珠子位置 >

b4颗
a5颗
c3个
d4颗

< II 　珠子位置 >

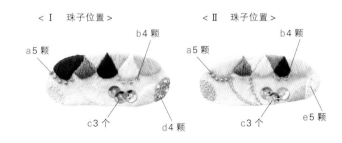

b4颗
a5颗
c3个
e5颗

05

06

07

刺绣:05	制作方法:**p.100**

方形刺绣胸针

方形的胸针很适合搭配
包包和手袋。
只用锁链绣即可完成。

刺绣:06	制作方法:**p.101**

花朵刺绣胸针

圆圆的花朵很可爱,
很适合搭配毛茸茸的毛衣,
以及素色连衣裙。

刺绣:07	制作方法:**p.102**

绣线圆环胸针

这款圆环胸针,
只需要将线用黏合剂粘贴在圆环上即可完成。
将数种喜欢的绣线混在一起,
制作喜欢的胸针吧。

刺绣：**05**　|　**方形刺绣胸针**

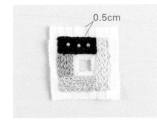

成品尺寸：3cm×3cm

材料 ※1个用量	**工具**
·布（平纹布、白色）…15cm×15cm ·刺绣线（25号刺绣线/Ⅰ…白色、灰色、原白色、铁青色；Ⅱ…藏青色、灰色、银色、粉色） ·机缝麻线（原色） ·串珠（小圆珠、金属金色）…3颗 ·人造革（1mm厚、褐色）…5cm×5cm ·胸针托（别针式、25mm、金色）…1个	剪刀、手工艺用复写纸、绣绷（8cm）、刺绣针、珠绣针、竹签、黏合剂

制作方法

1 在布上描绘图案。参照刺绣位置，取4根刺绣线做锁链绣（参照p.114）。取2根机缝麻线，参照缝珠子的位置，缝上珠子，然后剪下布块（参照p.091步骤**1~3**）。

2 按照p.091步骤**3**、**4**的方法操作。将人造革按实物大小的图案裁剪，用黏合剂粘贴在反面。在人造革上面粘贴胸针托。

< Ⅰ　刺绣位置 >

白色		
铁青色		灰色
原白色		

< Ⅱ　刺绣位置 >

藏青色		
粉色		灰色
银色		

< Ⅰ　珠子位置 >　　< Ⅱ　珠子位置 >

珠子3颗

实物大小的图案

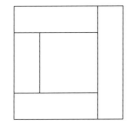

100

成品尺寸：6.5cm×2cm

材料	※1个用量

- 布（平纹布、白色）…15cm×15cm
- 刺绣线（25号刺绣线/I…浅粉色、藏青色、橙色；II…橙色、浅蓝色、黄色）
- 机缝麻线（原色）
- 串珠（小圆珠、金属金色）…7颗
- 串珠（大圆珠、亚白色）…1颗
- 金属丝（#24、绿色）…36cm
- 花艺胶带（宽13mm、黄绿色）…10cm
- 人造革（1mm厚、褐色）…5cm×5cm
- 胸针托（别针式、20mm、金色）…1个

工具

剪刀、手工艺用复写纸、绣绷（8cm）、刺绣针、珠绣针、竹签、黏合剂、平嘴钳、斜嘴钳、手缝针

制作方法

制作刺绣部件

1 制作刺绣部件（参照p.091步骤**1~4**，实物大小的图案如下）。

制作花茎

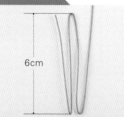

2 用平嘴钳将金属丝每隔6cm折弯一次，共折弯3次。

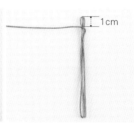

3 将折弯后的金属丝并拢在在一起，在距离顶端1cm处缠绕一圈。

4 缠好了一圈。

5 用斜嘴钳剪断多余的金属丝。

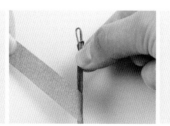

6 在10cm长的花艺胶带上涂抹黏合剂，从花茎下端开始缠绕。

7 缠绕至顶端的圆环前面。

组合方法

8 用机缝麻线将步骤**7**的花茎缝在步骤**1**刺绣部件的反面。

9 取20cm浅蓝色和黄色刺绣线（作品I是藏青色和橙色刺绣线），分别取4根用来刺绣。

10 将黏合剂涂抹在刺绣线上，团成圆球。

胸针托
人造革（正面）

11 将人造革按实物大小的图案裁剪，用黏合剂粘贴在反面。在上面粘贴胸针托。将步骤**10**的圆球粘贴在花茎上。

实物大小的图案

刺绣:07　　**绣线圆环胸针**

材料 ※1个用量

· 金属丝（#24、绿色）…80cm
· 刺绣线［25号刺绣线/Ⅰ…原白色（1m）、浅紫色（1m）、灰色（1m）、藏青色（50cm）；Ⅱ…白色（1m）、原白色（1m）、淡紫色（1m）、白丝线（50cm）；Ⅲ…浅黄色（1m）、深黄绿色（1m）、灰绿色（1m）、土黄色（50cm）］
· 胸针托（别针式、25mm、金色）…1个

工具

黏合剂、手缝针

成品尺寸：直径4.5cm

制作方法

1 将金属丝剪下40cm，再剪成2根。2根一起缠绕2圈，使其形成一个直径约4cm的圆环。多余的金属丝缠在圆环上。

2 将指定的刺绣线剪成指定的长度，分别取3根，将4种颜色的刺绣线一起对折。在刺绣线上涂抹黏合剂，凌乱地缠绕在金属丝上。

3 整理平整，待其干燥。

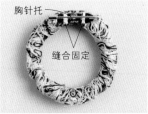

4 在反面涂抹黏合剂，安装胸针托，用刺绣线在上面缝合固定。

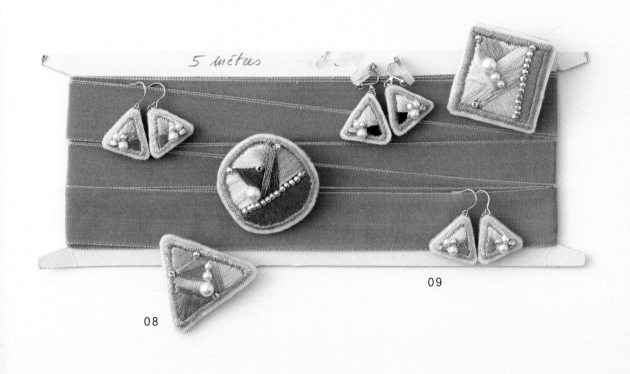

5 mètres

08

09

刺绣：08　　制作方法：**p. 104**

三角形、圆形、方形刺绣胸针

朴素色调的胸针，看起来很复古。
用缎面绣填充一个个不同的图案。

刺绣：09　　制作方法：**p.105**

三角形刺绣耳饰

刺绣和串珠组合在一起，颇有意趣。
三角形耳饰，可以显脸瘦。

三角形、圆形、方形刺绣胸针

成品尺寸：
<Ⅰ> 三角形边长4.5cm
<Ⅱ> 圆形直径4.5cm
<Ⅲ> 方形4cm×4cm

材料 ※1个用量

- 不织布（白色、灰色）… 各10cm×10cm
- 刺绣线（25号刺绣线/Ⅰ…原白色、浅灰色、淡灰绿色、灰色、金色、银色；Ⅱ…浅褐色、淡灰绿色、灰绿色、原白色、抹茶色、银色、金色；Ⅲ…淡灰绿色、原白色、浅灰色、银色、金色、灰色）
- a. 树脂珍珠（圆形、6mm、白色）…1颗
- b. 树脂珍珠（圆形、4mm、白色）…1颗（作品Ⅱ不需要）
- c. 树脂珍珠（圆形、3mm、白色）…1颗

（作品Ⅱ不需要）
- d. 串珠（大圆珠、金色）…Ⅰ 3颗、Ⅱ 16颗、Ⅲ 15颗
- 胸针托（别针式、25mm、古典金色）…1个

工具

剪刀、手工艺用复写纸、刺绣针、珠绣针、手缝针、黏合剂

制作方法

| 描绘图案 | 刺绣 | 缝上珠子 | 组合方法 |

1 在不织布（白色）上描绘 p.105的图案（参照 p.018）。

2 参照刺绣位置，按照序号取2根刺绣线做缎面绣（参照p.113）。

3 用原白色刺绣线，参照缝珠子的位置，缝上珠子。在刺绣外侧0.2cm处剪下不织布。

4 按照图案裁剪2片不织布（灰色）。在其中1片的中间位置缝上胸针托。用黏合剂在步骤3部件的反面粘贴2片不织布，粘贴时让安装胸针托的不织布在外面。

< Ⅰ 刺绣位置 >
⑥浅灰色 ⑨银色 ④原白色 ⑦淡灰绿色 ⑤灰色 ①原白色 ③淡灰绿色 ⑧金色 ②浅灰色

< Ⅱ 刺绣位置 >
⑦银色 ⑧金色 ⑥原白色 ②淡灰绿色 ③灰绿色 ⑤抹茶色 ⑨金色 ④原白色 ①浅褐色

< Ⅲ 刺绣位置 >
⑦淡灰绿色 ⑧银色 ⑫灰色 ⑩银色 ④原白色 ⑨浅灰色 ③浅灰色 ⑥原白色 ①淡灰绿色 ⑤浅灰色 ⑪金色 ②原白色

< Ⅰ 珠子位置 >

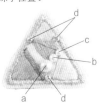

< Ⅱ 珠子位置 >

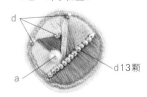
d13颗

< Ⅲ 珠子位置 >
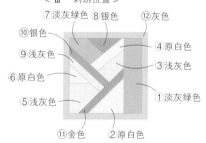
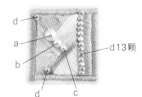
d13颗

三角形刺绣耳饰

成品尺寸：三角形边长2cm

材料 ※1对用量

- 不织布（白色、灰色）… 各5cm×10cm
- 刺绣线（25号刺绣线/Ⅰ…淡灰绿色、金色、浅褐色、原白色、银色；Ⅱ…浅灰色、银色、藏青色、原白色、灰色；Ⅲ…原白色、金色、淡灰绿色、银色）
- 圆环（0.7mm×4mm、金色）…2个
- a. 树脂珍珠（圆形、3mm、白色）…2颗
- b. 串珠（大圆珠、金色）…2颗
- c. 树脂珍珠（圆形、4mm、白色）…2颗
- d. 金属珠（3mm、金色）…2颗
- e. 耳钩（金色）…1对

- f. 耳夹（三角夹式、4mm、金色）…1对
- g. 耳夹用橡胶垫…2个

工具

剪刀、手工艺用复写纸、刺绣针、珠绣针、手缝针、黏合剂、平嘴钳、圆嘴钳

制作方法

描绘图案，刺绣，用原白色刺绣线缝上珠子，然后和耳夹（耳钩）组合（参照p.108）。

组合方法

< Ⅰ 刺绣位置 >

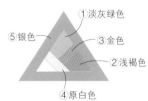

⑤银色　①淡灰绿色　③金色　②浅褐色　④原白色

< Ⅱ 刺绣位置 >

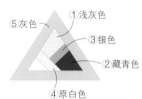

⑤灰色　①浅灰色　③银色　②藏青色　④原白色

< Ⅲ 刺绣位置 >

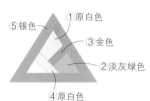

⑤银色　①原白色　③金色　②淡灰绿色　④原白色

实物大小的图案

< Ⅰ 珠子位置 >

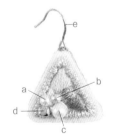

< Ⅱ 珠子位置 >

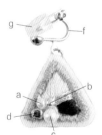

< Ⅲ 珠子位置 >

实物大小的图案

● 三角形、圆形、方形刺绣胸针（p.104）

< Ⅰ >

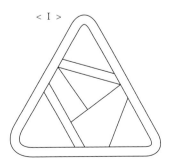

< Ⅱ >

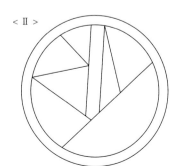

< Ⅲ >

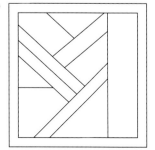

刺绣：10　　　制作方法：**p.108**

方形刺绣珍珠耳环

兼具个性和女性的柔美，
很适合成人佩戴。
色调柔和，有品位，
任何季节都可以佩戴。

刺绣：**11**　｜制作方法：**p.109**

六边形刺绣珍珠耳环

将珍珠呈直线排列在六边形绣片上。
改变线的颜色，设计符合自己风格的耳环。

刺绣：**12**　｜制作方法：**p.110**

圆形珍珠刺绣耳环

排成一圈的珍珠，像花朵一样漂亮。
样子很小巧，方便佩戴，简单而有设计感。

成品尺寸：3.5cm×2cm

刺绣：10　方形刺绣珍珠耳环

材料　※1对用量

<通用>
· 不织布（白色、灰色）… 各5cm×10cm
· 刺绣线（25号刺绣线/ I…原白色、银色、淡灰绿色、灰色；II…淡灰绿色、金色、原白色、银色；III…原白色、淡灰绿色、银色、金色）
· a. 串珠（大圆珠、金色）…2颗
· b. 树脂珍珠（圆形、3mm、白色）…2颗
· c. 串珠（捷克造型珠、6mm、水晶）…2颗
· d. 串珠（得利卡珠、金色）…6颗
· e. 树脂珍珠（圆形、4mm、白色）…2颗
· 圆环（0.7mm×4mm、金色）…4个
· T形针（0.7mm×30mm、金色）…2根
· 棉花珍珠（圆形、10mm、白色）…2颗
<I、II>
· 耳钩（金色）…1对
<III>
· 耳夹（三角夹式、4mm、金色）…1对
· 耳夹用橡胶垫…2个

工具

剪刀、手工艺用复写纸、刺绣针、珠绣针、手缝针、黏合剂、平嘴钳、圆嘴钳、斜嘴钳

制作方法

描绘图案

1 在不织布（白色）上描绘p.109的图案（参照p.018）。

刺绣

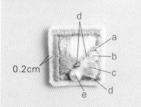

2 参照p.109的刺绣位置，按照序号取1根刺绣线做缎面绣（参照p.113）。

缝上珠子

3 在刺绣部分外侧0.2cm处剪下不织布。用原白色刺绣线，参照图示缝上珠子。

组合方法

4 按照图案裁剪2片不织布（灰色）。

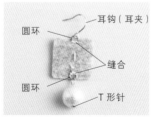

5 在步骤**4**中的一片不织布的上下两端分别缝上圆环。上部连接耳钩（耳夹），下部连接穿上T形针的棉花珍珠（参照p.016）。

6 在步骤**5**的部件上，用黏合剂粘贴另一片不织布。

7 将步骤**3**的部件粘贴在步骤**6**的部件上。另一个耳环左右对称制作。

刺绣：11　六边形刺绣珍珠耳环

成品尺寸：3.5cm × 2cm　　　Ⅰ　　Ⅱ

材 料　※1对用量

- 不织布（白色、灰色）… 各5cm×10cm
- 刺绣线（25号刺绣线/I…原白色、淡灰蓝色、浅蓝色、银色；Ⅱ…原白色、淡灰蓝色、藏青色、银色）
- 圆环（0.7mm×4mm、金色）…4个
- T形针（0.7mm×30mm、金色）…2根
- 棉花珍珠（圆形、10mm、白色）…2颗
- a. 树脂珍珠（圆形、3mm、白色）…10颗
- b. 串珠（捷克造型珠、6mm、水晶）…2颗
- c. 金属珠（3mm、金色）…2颗
- 耳钩（金色）…1对

工 具

剪刀、手工艺用复写纸、刺绣针、珠绣针、手缝针、黏合剂、平嘴钳、圆嘴钳、斜嘴钳

制作方法

描绘图案，刺绣，缝上珠子，然后和耳钩组合（参照 p.108）。

组合方法　＜珠子位置＞

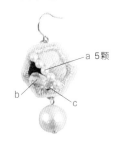

a 5颗

b　　c

● 六边形刺绣珍珠耳环

＜Ⅰ　刺绣位置＞

①原白色
③浅蓝色
②淡灰蓝色
④银色

＜Ⅱ　刺绣位置＞

①原白色
③藏青色
②淡灰蓝色
④银色

实物大小的图案

● 方形刺绣珍珠耳环（p.108）

＜Ⅰ　刺绣位置＞

②银色　①原白色
④灰色
③淡灰绿色

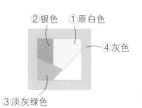

＜Ⅱ　刺绣位置＞

②金色　①淡灰绿色
④银色
③原白色

＜Ⅲ　刺绣位置＞

②淡灰绿色　①原白色
④金色
③银色

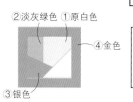

实物大小的图案

刺绣：**12**　　圆形珍珠刺绣耳环

成品尺寸：长3cm

材 料 ※1对用量

＜通用＞
· 不织布（白色、灰色）… 各5cm×10cm
· 刺绣线（25号刺绣线/I…藏青色、原白色；
　Ⅱ…灰色、原白色；Ⅲ…淡灰绿色、原白色）
· a. 树脂珍珠（圆形、4mm、白色）…20颗
· b. 金属珠（3mm×2mm、金色）…2颗
· c. 树脂珍珠（圆形、3mm、白色）…2颗
· 9字针（0.7mm×30mm、金色）…2根

＜I＞
· 耳夹（三角夹式、4mm、金色）…1对
· 耳夹用橡胶垫…2个
＜Ⅱ、Ⅲ＞
· 耳钩（金色）…1对

工 具

粉笔、剪刀、手工艺用复写纸、刺绣针、珠绣
针、手缝针、黏合剂、平嘴钳、圆嘴钳、斜嘴钳

制作方法

描绘图案

1 用粉笔在不织布（白色）上面描绘直径11mm的圆形。

刺绣

Ⅰ藏青色、Ⅱ灰色、Ⅲ淡灰绿色

2 用指定颜色的刺绣线做缎面绣（取2根刺绣线，参照p.113）。

缝上珠子

a

3 在刺绣部分的周围，用刺绣线（原白色）缝上10颗a。沿着刺绣边缘剪下不织布。

组合方法

端头弯成圆圈
c
b
9字针的针圈

4 在9字针上依次穿上b、c，用圆嘴钳将端头弯成圆圈（参照p.016）。

9字针的针圈

5 将步骤**4**中9字针的针圈缝在步骤**3**部件的反面。

耳钩（耳夹）
9字针
刺绣部分

6 在上部连接耳钩（耳夹）。在反面用黏合剂粘贴直径15mm的不织布（灰色）。不织布边缘用刺绣线（原白色）绣一圈。

110

扭转圆环和圆形刺绣
碰撞出时尚趣味

EMBROIDERY

刺绣：13 　　制作方法：p.112

双环刺绣耳饰

简单的圆形刺绣和扭转圆环组合在一起，就是一副很有时尚感的耳饰。
再搭配几颗珍珠，也不会显得过于甜美。

双环刺绣耳饰

材 料　※1对用量

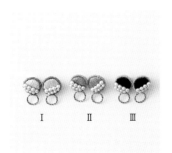

- 不织布（白色、灰色）… 各5cm×10cm
- 刺绣线（25号刺绣线/ I …浅粉色、原白色、金色; II …淡灰绿色、原白色、银色; III…蓝色、原白色、银色）
- 圆环（扭转、1.6mm×12.5mm、金色）…2个
- a. 树脂珍珠（圆形、4mm、白色）…8颗
- b. 树脂珍珠（圆形、3mm、白色）…8颗
- 耳钉（圆盘、6mm、金色）…1对/耳夹（三角夹式、6mm、金色）…1对

- 耳夹用橡胶垫…2个

工 具

粉笔、剪刀、手工艺用复写纸、刺绣针、珠绣针、黏合剂

成品尺寸：长3cm

制作方法

描绘图案	刺绣	缝上珠子	组合方法

I浅粉色、II淡灰绿色、III蓝色

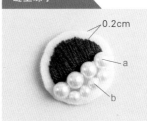
0.2cm / a / b

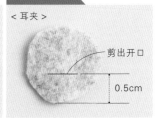
＜耳夹＞ / 剪出开口 / 0.5cm

1 用粉笔在不织布（白色）上描绘图案（参照p.018）。

2 在图案上侧，用指定颜色的刺绣线做缎面绣（取2根刺绣线，参照p.113）。

3 用刺绣线（原白色），按照图示缝上4颗a、4颗b。在刺绣部分外侧0.2cm处剪下不织布。

4 将不织布（灰色）剪成步骤**3**部件的大小。和耳夹组合时，在距离下方0.5cm处剪一个0.5cm长的开口。

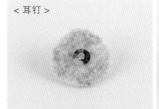
＜耳钉＞

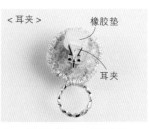
＜耳夹＞ / 橡胶垫 / 耳夹

5 和耳钉组合时，插入中心，用黏合剂固定。

6 将步骤**3**和步骤**4**（**5**）的部件重叠在一起，用刺绣线（ I 金色; II、III 银色）刺绣边缘。

7 中途连着圆环一起刺绣。图为刺绣好一圈的样子。

8 和耳夹组合时，将耳夹插入开口处，用黏合剂固定。

实物大小的图案

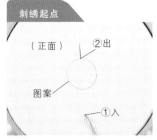

（正面）　　②出

图案

①入

1 将针插入图案外侧稍远的地方，从图案的边缘出针，开始刺绣。此时的刺绣线不打结，留5cm左右的线头。

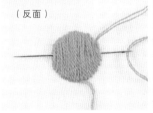
（反面）

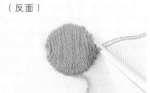
（反面）

（反面）

1 绣好后，翻到反面，将针来回穿入刺绣针迹数次。

2 剪断线头。

3 刺绣起点的线也穿入反面，按照步骤**1**、**2**的方法收尾。

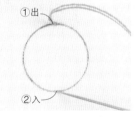
①出

②入

1 从图案正上方边缘处出针，向正下方入针。

2 入针时的情形。

3 将线平行着排列整齐，不断重复上述针法。绣完左半部分后，回到正上方边缘处。

4 按照相同方法刺绣右半部分。

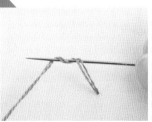

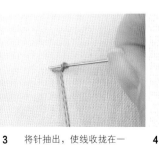

1 从反面出针。

2 在针上缠绕2圈线（如果是4圈法式结粒绣，要缠绕4圈线）。

3 将针抽出，使线收拢在一起，然后插入步骤**1**的针迹旁边。

4 插入后的情形。

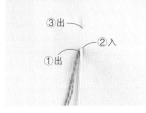

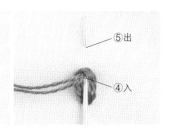

1 从反面出针，在相同位置入针，间隔一些距离出针。

2 将刺绣线挂在针尖下面。

3 抽出针并将线拉出。

4 在上次出针的相同位置入针，间隔一些距离出针。

5 将绣线挂在针尖下面。

6 抽出针并将线拉出。

7 重复步骤 **4~6**。

8 最后贴着线圈入针。

长短针绣

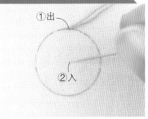

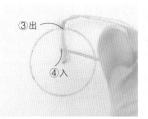

1 从图案正上方边缘处出针，向中心入针。

2 紧贴着①出针，在比②稍近的地方入针。

3 重复刺绣上述长针、短针。

4 绣完左半部分后，回到正上方边缘处，接着刺绣右半部分。

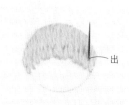

5 上半部分绣好后，从短针下方出针，然后在正下方入针。

6 接着从上半部分长针下方出针，然后在正下方入针。重复刺绣上述长针、短针。

7 全部绣好的样子。

HANDMADE
ACCESSORIES
BOOK

Part
6

—

布花
CLOTH FLOWER

02

01

布花：01	制作方法：**p.117**

银莲花胸针

可爱的胸针，很想把它别在胸口。花瓣使用天鹅绒面料，给人一种柔美之感。

布花：02	制作方法：**p.119**

三色堇胸针

淡雅的色调，非常自然。中心用笔刷涂上黄色染料

布花：01 银莲花胸针

Ⅰ

Ⅱ

成品尺寸：9cm×6cm

材料 ※1个用量

- 布（花朵用布/天鹅绒布）…10cm×10cm
- 布（花朵用布/棉布）…10cm×10cm
- 布（花朵用布/薄绸布，中）…5cm×10cm
- 布（花朵用布/薄绸布，硬）…15cm×15cm
- 染料（花艺用染料/Ⅰ…褐色、红色、灰色、绿色、黄色；Ⅱ…褐色、灰色、绿色、黄色、红色）
- 金属丝（#30、白色）…18cm
- 金属丝（#30、绿色）…9cm
- 金属丝（#26、绿色）…24cm
- 胸针托（别针式、25mm、古典金色）…1个
- 脱脂棉
- 花蕊（玫瑰、黑色）…13根

工具

剪刀、汤匙、镊子、白盘、笔刷、报纸、书法纸、竹签、烫花器（半球镘3分、极小瓣镘）、烫花垫、黏合剂

染色

- 底色/极少量的褐色
- 花瓣/Ⅰ…红色：褐色：灰色＝2：1：1；Ⅱ…褐色：灰色＝1：0.1
- 花朵中心/褐色：灰色＝1：1
- 叶子、花茎/绿色：灰色：褐色：黄色＝2：2：1：1
- 叶子底部/少量褐色
- 雌蕊a/灰色
- 雌蕊b/红色

制作方法

裁剪布料

A
B ×1
×2
C D
×2 ×2

1 A、B使用天鹅绒布，C、D使用棉布，分别在上面描绘p.120的纸型，然后裁剪。

染色

A

2 用底色来给A染色（参照p.134）。在半干的状态下，用笔刷给花瓣染色，留下中心部分。中心的颜色要涂得浅一些。另一个A的中心，要多加点水，涂得更浅一些。

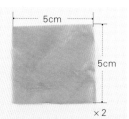

5cm
5cm
×2

3 将薄绸布（中）裁剪成5cm×5cm的2片。染成花瓣的颜色。

B

4 用雌蕊a的颜色给B染色。从上面用笔刷点涂雌蕊b的颜色。

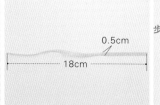

D
C

5 将C、D染成叶子的颜色。在半干的状态下，用笔刷给叶子底部染色。

0.5cm
18cm

6 制作花茎用布。给薄绸布（硬）染上花茎的颜色。剪出宽0.5cm、长18cm的布条（参照p.134）。

夹入金属丝

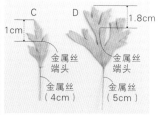

A
步骤3
1.5cm

7 将金属丝（#30、白色）剪下6根1.5cm长的，放在涂有黏合剂的A的反面。在上面粘贴步骤3的部件。干燥后，沿着A的形状裁剪薄绸布，制作2个。

C D
1cm 1.8cm
金属丝端头 金属丝端头
金属丝（4cm） 金属丝（5cm）

8 将金属丝（#30、绿色）裁剪成5cm、4cm的2根。分别夹在2片C、D之间，用黏合剂粘贴。

9 将A翻至反面。在金属丝两侧，将烫花器（半球镘3分）从花瓣边缘向中心滑过，烫出弧度。

10 翻到正面。用烫花器在中心烫出弧度。

11 在B的边缘剪出多个0.5cm长的牙口。用烫花器在中心烫出弧度。

12 从C、D的叶尖向底部，用烫花器（极小瓣镘）烫压数处，烫出立体感。翻过来，用烫花器（极小瓣镘）在正面没有烫过的部分滑过。

组合方法

13 烫后的样子。

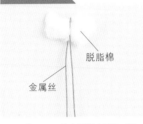

脱脂棉
金属丝

14 将24cm的金属丝（#26、绿色）对折，夹住少量脱脂棉。

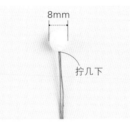

8mm
拧几下

15 用平嘴钳在挨着脱脂棉的地方将金属丝拧好。将黏合剂涂抹在脱脂棉上，团成直径8mm的圆球。

16 在步骤**11**部件的内侧涂抹黏合剂，盖在步骤**15**的部件上，使其粘贴在一起。

涂抹黏合剂
1.3cm

17 将黑色花蕊剪掉一半。在距离上端1cm处涂抹黏合剂，将5根花蕊粘贴在一起。干燥后，剪成1.3cm。制作5束这样的花蕊。

18 干燥后，在步骤**16**部件的周围涂抹黏合剂，粘贴上步骤**17**的花蕊。

A
剪出开口

19 按照图示在A的中心剪出开口。

20 在步骤**18**的花蕊底部涂抹黏合剂，从金属丝底端穿上1个A（深色）。仔细按压，使其牢牢地粘贴在一起。

21 第2个A也按照相同的方法从金属丝底端穿上，和第1个A错开，粘贴好。

1.5cm
D
C

22 从花朵底部开始缠绕涂有黏合剂的花茎用布（参照p.120步骤**17**）。中途加上步骤**8**的叶子，一起缠绕固定。

23 将胸针托放在花茎上，用涂有黏合剂的花茎用布缠绕固定。

三色堇胸针

成品尺寸：7cm×4cm

材 料 ※1个用量

· 布（花朵用布/天鹅绒布）…10cm×10cm
· 布（花朵用布/棉布）…5cm×5cm
· 布（花朵用布/薄绸布、中）…10cm×10cm
· 布（花朵用布/薄绸布、硬）…15cm×15cm
· 染料（花艺用染料/Ⅰ…褐色、蓝色、紫色、灰色、黄色、粉色、绿色；Ⅱ…褐色、蓝色、灰色、紫色、黄色、绿色）
· 花蕊（白色）…1/2根
· 金属丝（#30、白色）…35cm
· 金属丝（#30、绿色）…12cm
· 胸针托（别针式、25mm、古典金色）…1个

染 色

· 底色/极少量的褐色
· 花瓣A /
  Ⅰ…蓝色：灰色：紫色＝2：1：1；
  Ⅱ…蓝色：灰色：紫色＝2：2：1
· 花瓣A的尖端（仅作品Ⅰ）、底部/黄色
· 花瓣B /
  Ⅰ…粉色：灰色＝5：4；
  Ⅱ…蓝色：灰色：紫色＝2：1：1
· 花瓣C /
  Ⅰ…蓝色：紫色：灰色＝2：1：1；
  Ⅱ…蓝色：灰色：紫色＝2：1：1
· 花瓣C的底部/黄色
· 花蕊/黄色
· 叶子D、E/绿色：灰色：黄色＝2：1：1
· 叶子D、E的底部/褐色
· 叶子D、E的叶尖/黄色
· 花茎、花萼/绿色：灰色：黄色＝2：1：1

工 具

剪刀、汤匙、镊子、白盘、笔刷、报纸、书法纸、竹签、烫花器（大瓣镘、极小新1筋镘、极小瓣镘）、烫花垫、黏合剂

制作方法

裁剪布料

1 A、B、C是天鹅绒布，D、E是棉布，F是薄绸布（中），分别在上面描绘纸型，裁剪好（参照p.018）。

染色

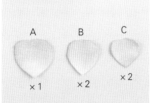

2 用底色来给A、B、C染色（参照p.134）。在半干的状态下，用笔刷给花瓣染色。

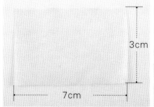

3 将薄绸布（中）裁剪成7cm×3cm。用花瓣A的颜色染色。

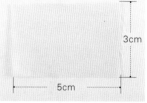

4 将薄绸布（中）裁剪成5cm×3cm。染成花瓣B的颜色。

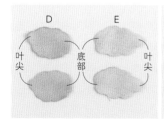

5 将D、E染成叶子的颜色。在半干的状态下，用笔刷给叶子底部、叶尖染色。

6 用花萼的颜色给F染色。

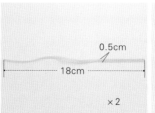

7 用薄绸布（硬）制作2条宽0.5cm、长18cm的花茎用布（参照p.117步骤**6**）。

8 将花蕊剪掉一半，染成花蕊的颜色（参照p.134）。

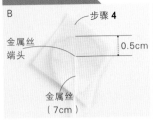
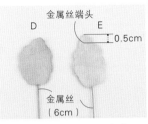
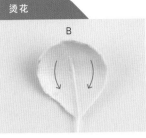
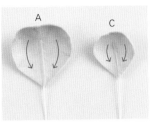

9 在B的反面涂抹黏合剂，将金属丝（白色）剪成7cm，粘贴后在上面粘贴上步骤**4**的部件。干燥后，沿着B的形状裁剪。A、C也一样。

10 将金属丝（绿色）剪成6cm，剪2根。分别夹在2片D、E之间，用黏合剂粘贴。

11 在B的金属丝两侧，用烫花器（大瓣镘）从花瓣边缘向中心滑过，烫出弧度。

12 花瓣A、C的制作方法和步骤**11**相同。

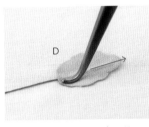
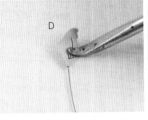
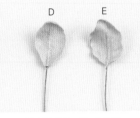
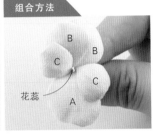

13 在步骤**10**的D的金属丝上面，用烫花器（极小新1筋镘）从底部向叶尖滑过。

14 在金属丝右侧，从C、D的叶尖向底部，用烫花器（极小瓣镘）烫出立体感。翻到反面，同样在金属丝右侧烫压。

15 烫后的样子。E、D按照相同的方法烫压。

16 按照花瓣B、花蕊、花瓣A、花瓣C的顺序，缠在一起。

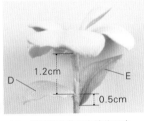

17 从花瓣底部开始缠绕涂有黏合剂的花茎用布。

18 缠绕2圈左右的样子。用手指按住缠绕处，一根一根地抽拉金属丝，调整形状。

19 继续用花茎用布缠绕至金属丝端头。中途加上叶子，一起缠绕固定。

20 让花瓣稍微错开一点，在F上涂抹黏合剂，粘贴在反面。放上胸针托，用涂有黏合剂的花茎用布缠绕固定。

实物大小的纸型

●银莲花胸针（p.117）　　　　　　　　●三色堇胸针（p.119）

布花：03　　　　制作方法：p.122

郁金香耳饰

在耳畔摇曳的郁金香耳饰，小巧可爱。
古色古香的色调，很适合成人佩戴。

布花：03　　　郁金香耳饰

成品尺寸：坠饰长5cm

材料 ※1对用量

- 布（花朵用布/精纺细布）…10cm×10cm
- 布（花朵用布/棉布）…10cm×10cm
- 布（花朵用布/薄绸布、硬）…15cm×15cm
- 染料（花艺用染料/ I …褐色、红色、灰色、绿色；II …褐色、绿色、灰色、红色）
- 金属丝（#30、白色）…36cm
- 金属丝（#30、绿色）…30cm
- C形环（0.8mm×3.5mm×5mm、金色）…2个
- 花蕊（白色）…6根

<I>
- 耳钉（带环、4mm、金色）…1对

<II>
- 耳夹（螺丝式、4mm、金色）…1对

工具

剪刀、汤匙、镊子、白盘、笔刷、报纸、书法纸、竹签、烫花器（半球镊3分、极小瓣镊）、烫花垫、黏合剂、圆嘴钳、平嘴钳

染色

- 底色/极少量的褐色
- 花瓣/
　I … 红色：褐色：灰色＝5：4：4
　※仅作品I
- 花瓣的底部/ / I …灰色；
　II …绿色：褐色：灰色＝2：1：1
- 花蕊/红色：褐色：灰色＝5：4：4
- 叶子a / 绿色：灰色＝2：2：1
- 叶子b / I …红色　　※仅作品I
- 花茎/绿色：灰色：褐色＝2：2：1

制作方法

裁剪布料

A ×12　B ×12
C ×4　D ×4

1 A、B使用精纺细布，C、D使用棉布，分别在上面描绘p.123的纸型，然后裁剪（参照p.018）。

染色

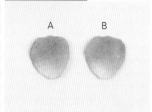

A　B

2 将2片A、B各自重叠在一起，用底色染色（参照p.134）。在半干的状态下，用笔刷给花瓣染色。给花瓣底部染色。

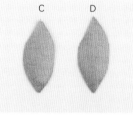

C　D

3 将2片C、D各自重叠在一起，染成叶子a的颜色。只有作品I是半干的状态，在上面用笔刷点涂叶子b的颜色。

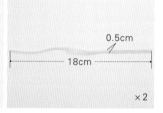

0.5cm
18cm
×2

4 用薄绸布（硬）制作2条宽0.5cm、长18cm的花茎用布（参照p.117步骤6）。

5 将花蕊剪掉一半，染成花蕊的颜色（参照p.134）。

夹入金属丝

0.3cm
金属丝端头
金属丝（3cm）

6 将金属丝（白色）剪成3cm。分别夹在2片A、B的中间，用黏合剂粘贴。

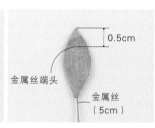

0.5cm
金属丝端头
金属丝（5cm）

7 将金属丝（绿色）剪下5cm，剪2根。分别夹在2片C、D的中间，用黏合剂粘贴。

烫花

8 用烫花器（半球镊3分）从步骤6的花瓣尖端向底部滑过，烫出弧度。

9 烫后的样子。

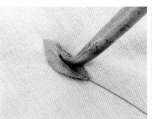

10 在金属丝右侧，从C、D的叶尖向底部，用烫花器（极小瓣镊）烫压。翻到反面，同样在金属丝右侧烫出立体感。

11 烫后的样子。

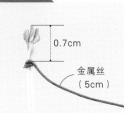

0.7cm
金属丝（5cm）

12 将金属丝（绿色）剪下5cm。将3根花蕊并在一起，在距离端头0.7cm处用金属丝缠绕固定。

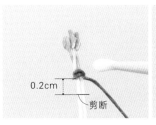

0.2cm
剪断

13 用竹签在缠绕处涂抹黏合剂。干燥后，在距离缠绕处0.2cm处剪断。

14 在花茎用布上涂抹黏合剂，在相应的地方缠绕。

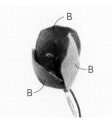

B
B
B

15 在3片花瓣B的底部涂抹黏合剂，均匀地粘贴在步骤**14**的部件上。

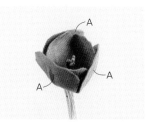

A
A
A

16 将3片花瓣A和步骤15中的花瓣错开粘贴。

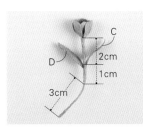

C
2cm
D
1cm
3cm

17 从花朵底部开始缠绕涂有黏合剂的花茎用布（参照p.120步骤**17**）。中途加上带金属丝的叶子，一起缠绕固定。在叶子下方1cm处，除1根金属丝（绿色）外，其余剪断。剩余的金属丝可留下3cm剪断，然后在上面缠绕花茎用布。

1cm

18 用圆嘴钳夹在叶子D下方1cm处，弯一个圆圈（参照步骤**19**的图片）。

缠绕
圆圈

19 在弯出圆圈后剩下的花茎上涂抹黏合剂，在圆圈上方缠绕。

耳钉
C形环

20 用C形环将耳钉（耳夹）和步骤**19**的圆圈连接在一起。

实物大小的纸型

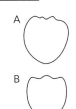
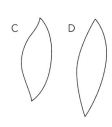

A

B

C

D

05

04

05

04

布花：04　　　｜　制作方法：**p.126**

三叶草和尤加利耳饰、胸针

将充满怀旧气息的三叶草和尤加利组合在一起，做成小饰品。
花瓣上带着淡淡的绿色，若有若无，别有一番风情。

布花：05　　　｜　制作方法：**p.129**

雏菊和迷你三色堇耳饰、胸针

小巧的花朵一朵挨着一朵排列在一起，组成
可爱的胸针。耳饰只用简单的雏菊花朵做成，
很容易搭配。
在想要变得柔美的时候，戴上它们吧。

雏菊和三色堇

打造温柔的清新时光

＊模特佩戴的首饰：**p.124**－05

三叶草和尤加利耳饰、胸针

成品尺寸：<Ⅰ> 直径5cm
<Ⅱ> 长4cm

材料

<Ⅰ>
- 布（花朵用布/精纺细布）…20cm×15cm
- 布（花朵用布/棉布）…5cm×5cm
- 布（花朵用布/薄绸布、硬）…15cm×15cm
- 染料（花艺用染料/褐色、绿色、灰色、黄色、粉色）
- 金属丝（#30、绿色）…100cm
- 金属丝（#28、绿色）…36cm
- 丙烯颜料（白色）
- 胸针托（别针式、25mm、古典金色）…1个

<Ⅱ>
- 布（花朵用布/精纺细布）…15cm×15cm
- 布（花朵用布/薄绸布、硬）…15cm×15cm
- 染料（花艺用染料/褐色、绿色、灰色、黄色、粉色）
- 金属丝（#30、绿色）…30cm
- 金属丝（#28、绿色）…16cm
- 耳钉（圆盘、4mm、金色）…1对

工具

剪刀、汤匙、镊子、白盘、笔刷、报纸、书法纸、竹签、烫花器（极小瓣镊、极小新1筋镊）、烫花垫、黏合剂、锥子、圆嘴钳、胶枪

染色

- 三叶草花朵底色/极少量的褐色和绿色
- 三叶草花朵中心/绿色：灰色：褐色：黄色＝2：2：1：1
- 尤加利/绿色：灰色：褐色：黄色＝2：2：1：1
- 三叶草叶子/绿色：灰色：褐色＝2：1：0.1

制作方法<Ⅰ>

裁剪布料

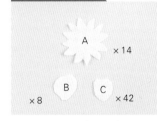

1 A、C使用精纺细布，B使用棉布，分别在上面描绘p.128的纸型，然后裁剪（参照p.018）。

染色

2 用三叶草花朵底色来给A染色（参照p.134）。在半干的状态下，用笔刷给三叶草花朵中心染色。染料加水，让7个A中心的颜色逐渐变浅。然后再做一组。

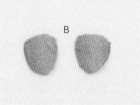

3 用三叶草叶子的染料把B两两地分别染色。

4 用尤加利的染料把C两两地分别染色。

夹入金属丝

5 用薄绸布（硬）制作2条宽0.5cm、长18cm的花茎用布（参照p.117步骤**6**）。

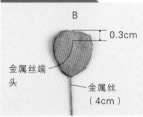

6 将金属丝（#30）剪下4cm。夹在2片B之间，用黏合剂粘贴。

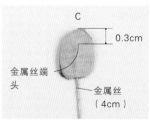

7 将金属丝（#30）剪下4cm。夹在2片C之间，用黏合剂粘贴。

烫花

8 从A的花瓣尖端向中心，用烫花器（极小新1筋镊）烫出立体感。

9 烫后的样子。

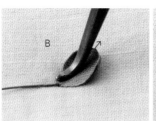

10 在B的金属丝上面，用烫花器（极小新1筋镘）从底部向叶尖滑过。

11 翻过来，在金属丝两侧，从叶尖向底部，用烫花器（极小新1筋镘）烫出弧度。

12 烫后的样子。这是三叶草的叶子。共制作4片。

组合方法

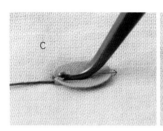

13 在C的金属丝上面，用烫花器（极小新1筋镘）从底部向叶尖滑过。

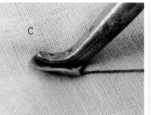

14 在C的金属丝右侧，从叶尖向底部，用烫花器（极小新1筋镘）烫出立体感。翻过来，按照相同方法将右侧也烫出立体感。

15 烫后的样子。这是尤加利的叶子。共制作21片。

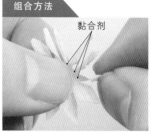

黏合剂

16 在A的底部涂抹少量黏合剂。用手指一片一片地捏着固定。

17 用锥子在A中心打孔。

18 将金属丝（#28）剪下8cm，用圆嘴钳将端头弯成圆圈。

19 在颜色最深的A里面的中心涂上黏合剂，从步骤**18**中金属丝的下端穿过，用手指按住。

颜色较深的花瓣

颜色较浅的花瓣

20 和步骤**19**相同，按顺序将一组A剩余的6个从深至浅涂上黏合剂并穿过金属丝。一个一个穿过并用手指按牢固。

（正面）

21 在三叶草叶子鼓起的那一面（正面），用丙烯颜料（白色）画出图案。

1cm

（反面）

22 将步骤**21**的4片叶子聚拢。把花茎用布涂上黏合剂，在叶子底部缠绕1cm。留1根金属丝，其余剪掉。

0.8cm

23 把2片尤加利的叶子对着捏好，用涂有黏合剂的花茎用布缠绕。改变新加入的2片尤加利叶子的方向，并用花茎用布缠绕1cm。留1根金属丝，其余剪掉。

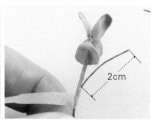

2cm

24 金属丝（#28）留下20cm。顶部露出2cm，和步骤**23**的部件一起用花茎用布缠绕。

尤加利
尤加利
三叶草花朵

步骤 22

胸针托

25 继续添加2片尤加利叶子、2朵三叶草花朵，用花茎用布缠绕。

26 同样，一边注意平衡尤加利的叶子，一边一片一片地添加并缠绕，步骤**22**的三叶草叶子也一起缠绕。三叶草叶子与茎成直角。

27 继续缠绕尤加利，把最初留下的2cm金属丝也一起用花茎用布缠起来，做成圆环。

28 将胸针托放在反面，用涂有黏合剂的花茎用布缠绕固定。

制作方法 < Ⅱ >

制作耳饰部件

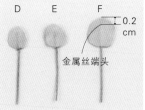

D   E   F
0.2cm
金属丝端头

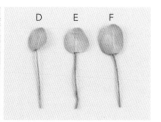

D   E   F

29 在精纺细布上描绘A的纸型，并裁剪14个。用5个A做三叶草花朵（参照p.126、p.127步骤**1**、**2**、**8**、**9**、**16~20**）。

30 在精纺细布上描绘D、E、F的纸型，并分别裁剪8个。染成尤加利的颜色，放上2cm的金属丝（#30）并粘贴（参照p.126步骤**4**、**7**）。

31 按照p.127步骤**13~15**的方法，用烫花器烫出立体感。

32 烫后的样子。

组合方法

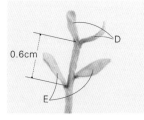

0.6cm
D
E

F
0.8cm
1cm
步骤**33**中添加的3cm金属丝

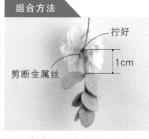

拧好
1cm
剪断金属丝

33 把2片D对着捏好，用涂有黏合剂的花茎用布（参照p.117步骤**6**）缠绕（参照p.120步骤**17**）。把2片E对着捏好，用涂有黏合剂的花茎用布缠绕。缠E的时候，和剪成3cm长的金属丝（30#）一起缠绕。

34 同样，2片F也对着捏好，用花茎用布缠绕1cm。把步骤**33**添加的金属丝留下，其余剪掉。

35 把步骤**29**和步骤**34**的金属丝拧在一起，用黏合剂固定。等干燥后，把其中一根金属丝留下0.2cm后剪断。

36 用锥子在2个A中心打孔。将其中一个A穿在步骤**29**的三叶草花朵的金属丝上并粘贴好。

剪断金属丝

37 黏合剂干燥后，金属丝留下0.2cm后剪断。把金属丝倒过来粘贴在花朵反面。

38 在剩下的一个A中心的小孔上放上耳钉，在花朵反面用胶枪粘牢。

● 三叶草和尤加利胸针（p.126）
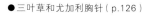

● 三叶草和尤加利耳饰

A
B   C

D   E   F

※ 制作三叶草花朵的A通用

雏菊和迷你三色堇耳饰、胸针

成品尺寸：<Ⅰ> 直径2.5cm
<Ⅱ> 直径5.5cm

材料

<Ⅰ>
- 布（花朵用布/天鹅绒布）···10cm×10cm
- 布（花朵用布/棉布）···5cm×5cm
- 染料（花艺用染料/褐色、绿色、灰色、黄色）
- 金属丝（#30、白色）···20cm
- 脱脂棉
- 耳夹（螺丝式、圆盘、4mm、金色）···1对

<Ⅱ>
- 布（花朵用布/天鹅绒布）···10cm×10cm
- 布（花朵用布/棉布）···5cm×5cm
- 布（花朵用布/薄绸布、中）···5cm×5cm
- 布（花朵用布/薄绸布、硬）···15cm×15cm
- 染料（花艺用染料/褐色、绿色、灰色、黄色、紫色、蓝色、红色、粉色）
- 金属丝（#30、白色）···100cm
- 金属丝（#30、绿色）···56cm
- 花蕊（水滴形、白色）···3根
- 脱脂棉
- 胸针托（别针式、25mm、古典金色）···1个

工具

剪刀、汤匙、镊子、白盘、笔刷、报纸、书法纸、竹签、烫花器（极小瓣镘、大铃兰镘、极小新1筋镘）、烫花垫、黏合剂、硬化剂、圆嘴钳、平嘴钳、胶枪

染色

<雏菊、迷你雏菊>
- 底色/极少量的褐色
- 花朵中心/绿色：灰色：褐色：黄色=1:1:1:1
- 花蕊/黄色：灰色：褐色=2:1:1
- 花萼（仅作品Ⅱ）/绿色：灰色：褐色：黄色=2:4:1:1

<迷你三色堇（通用）>
- 底色/极少量的褐色
- 叶子、花茎/绿色：灰色：褐色：黄色=2:2:1:1
- 花蕊/黄色

<迷你三色堇（浅蓝色）>
- 花瓣A、B、C/蓝色：灰色=1:1
- 花瓣A、B、C的底部/黄色

<迷你三色堇（浅蓝色+紫色）>
- 花瓣A、C/蓝色：灰色=1:1
- 花瓣B/紫色：灰色=1:1
- 花瓣A、B、C的底部/黄色

<迷你三色堇（浅粉色）>
- 花瓣A、B、C/粉色：灰色=5:4
- 花瓣A、B、C的底部/黄色

<迷你三色堇（黄色+紫色）>
- 花瓣A的尖端/紫色：灰色=1:1
- 花瓣A的底部/黄色
- 花瓣B/黄色
- 花瓣C/紫色：灰色=1:1

<迷你三色堇（红色+白色）>
- 花瓣A的尖端/红色：灰色：褐色=2:1:1
- 花瓣A的底部/黄色
- 花瓣B/红色：灰色：褐色=2:1:1
- 花瓣C的底部/黄色

制作方法<Ⅰ>

裁剪雏菊的布料

1 A使用天鹅绒布，B使用棉布，分别在上面描绘p.133的纸型，然后裁剪（参照p.018）。

染色

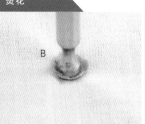

2 用底色来给A染色（参照p.134）。在半干的状态下，用笔刷给A中心染色。用花蕊的颜色给B染色。

烫花

3 在花蕊周围，用剪刀剪出5mm的牙口。在背面的中心用烫花器（大铃兰镘）烫出弧度。

4 从A的花瓣尖端向中心，用烫花器（极小瓣镘）烫出立体感。

5 正面朝上，在中心用烫花器（大铃兰镘）烫出弧度。

6 参照p.118步骤**14～16**，用10cm的金属丝（#30、白色）制作花蕊。

7 参照p.118 步骤**19**、**20**把花朵组合好。

8 等黏合剂干了，把花瓣底部的金属丝剪掉。用胶枪把耳夹贴在花朵反面。

制作方法＜Ⅱ＞

制作迷你雏菊

金属丝（8cm）

9 使用p.133迷你雏菊F和G的纸型，按照步骤**1～7**的方法制作。制作花茎用布（参照p.117步骤**6**），在花瓣的底部缠绕1.5cm（参照p.120步骤**17**）。留一根金属丝，其余剪断。

H

10 在棉布上描绘H的纸型，剪下3片，染成花萼的颜色。贴在步骤**9**的金属丝周围。制作3个。

制作迷你三色堇

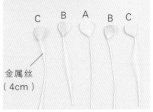

C B A B C

金属丝（4cm）

11 在天鹅绒布上描绘10个A、20个B、20个C的纸型并裁剪，分别染成底色和5种花瓣的颜色。参照p.119步骤**2～4**和p.120步骤**9**、**11**，制作花瓣。

12 在金属丝两侧，用烫花器（极小瓣镘）从花瓣边缘向中心滑过，烫出弧度。

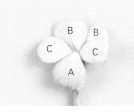

B B C C A

13 按照花瓣B、染色后的花蕊、花瓣A、花瓣C的顺序，缠在一起。

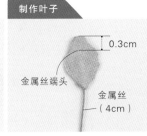

B B C C A

14 按照p.120 步骤**17**、**18**的方法缠绕花茎用布。在薄绸布（中）上按照E的纸型进行描绘并裁剪，染成花萼的颜色，和步骤**10**一样贴在花的底部。

制作叶子

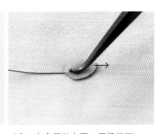

0.3cm
金属丝端头
金属丝（4cm）

15 在棉布上描绘D的纸型并裁剪6片，染成叶子的颜色。放上金属丝（绿色）并粘贴。

16 在金属丝上面，用烫花器（极小新1筋镘）从底部向叶尖滑过。

17 在金属丝右侧，从C、D的叶尖向底部，用烫花器（极小瓣镘）烫压。翻面，再次在右侧烫压。制作3个。

迷你三色堇（浅蓝色+紫色）
叶子
迷你三色堇（浅蓝色）
迷你三色堇（浅粉色）
2cm
迷你雏菊

18 把20cm长的金属丝留下2cm，添上各部件并用花茎用布缠绕（参照p.127、p.128步骤**24～26**）。

叶子
迷你三色堇（红色+白色）
迷你三色堇（黄色+紫色）
迷你雏菊
叶子

19 步骤**18**留下的2cm金属丝也一起缠绕进去，做成一个圆环。

胸针托

20 将胸针托放在反面，用涂有黏合剂的花茎用布缠绕固定。

布花：06   制作方法：**p.132**

小花长链耳饰

色调淡雅的小花。
长链给人整齐之感，使花朵耳饰看起来更显庄重。

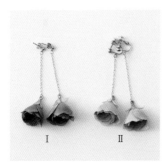

布花：06　　小花长链耳饰

成品尺寸：坠饰长7cm

材料 ※1对用量

- 布（花朵用布/精纺细布）…20cm×20cm
- 布（花朵用布/薄绸布、硬）…15cm×15cm
- 染料（花艺用染料/I…褐色、紫色、灰色、绿色；II…褐色、蓝色、灰色、绿色）
- 花蕊（白色）…10根
- 金属丝（#30、绿色）…8cm
- 链子（十字链、1mm、金色）…7cm
- C形环（0.45mm×2.5mm×3.5mm、金色）…4个
  <I>
- 耳钉（带环、4mm、金色）…1对
  <II>
- 耳夹（螺丝式、4mm、金色）…1对

工具

剪刀、汤匙、镊子、白盘、笔刷、报纸、书法纸、竹签、烫花器（半球镘3分、半球镘5分、极小瓣镘）、烫花垫、黏合剂、圆嘴钳、平嘴钳、斜嘴钳、锥子、胶枪

染色

- 底色/极少量的褐色
- 花瓣/I…紫色：灰色＝1：1；II…蓝色：灰色＝2：1
- 花蕊/I…紫色：灰色＝1：1；II…蓝色：灰色＝2：1
- 花萼/绿色：灰色：褐色＝2：2：0.1

制作方法

裁剪布料

A ×24　　B ×8　　C ×8

1 在精纺细布上描绘A、B、C的纸型，然后裁剪（参照p.018）。

染色

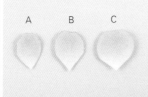

A　B　C

2 用底色来给A、B、C染色（参照p.134）。在半干的状态下，用笔刷给花瓣染色。花蕊也涂上相应的颜色。

D　×2

3 在精纺细布上描绘D的纸型，裁剪后染成花萼的颜色。

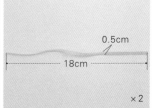

0.5cm　18cm　×2

4 用薄绸布（硬）制作2条宽0.5cm、长18cm的花茎用布（参照p.117步骤**6**）。

烫花

5 在A的金属丝两侧，用烫花器（半球镘3分）从花瓣尖端向底部滑过，烫出弧度。

6 用烫花器（半球镘5分）从花瓣B的尖端向底部滑过，烫出弧度。

7 在C的两侧，用烫花器（半球镘5分）从花瓣尖端向底部滑过，烫出弧度。

8 从叶尖向底部，用烫花器（极小瓣镘）烫出立体感。

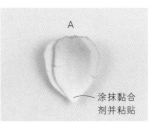

A

涂抹黏合剂并粘贴

9 参照p.123步骤**12~14**，制作花蕊。

10 在花瓣A的底部涂抹黏合剂，将2片A错开着粘贴。制作6组。

11 在步骤**10**中花瓣A的底部涂抹黏合剂，粘贴步骤**9**的花蕊。

12 按逆时针方向错开着粘贴6组花瓣。

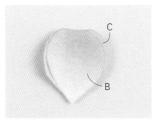

C

B

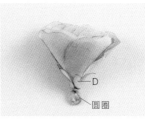

D

圆圈

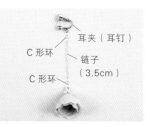

耳夹（耳钉）

C形环

链子（3.5cm）

C形环

13 在花瓣C上粘贴B。制作4组。

14 在步骤**12**部件的外侧，错开着粘贴步骤**13**的4组花瓣。

15 从叶子底部缠绕花茎用布，用圆嘴钳将花茎弯一个圆圈。剩余的花茎缠绕在叶子底部。在花萼D的底部涂抹黏合剂，如图粘贴。花萼的尖端弯向外侧。

16 用C形环连接耳夹（耳钉）、剪成3.5cm的链子以及花茎上的圆圈。

实物大小的纸型

● 小花长链耳饰（p.132）

A

B

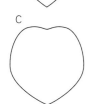

C

D

● 雏菊和迷你三色堇耳饰、胸针（p.129）

< 雏菊 >

A

B

< 迷你三色堇 >

A

B

C

D

E

< 迷你雏菊 >

F

G

H

花茎用布的描图方法

1 花茎用布要按照图示顺着与布纹成45°角的方向画一条线，沿着线裁剪。

布的裁剪方法

1 在布上描绘纸型（参照p.018）。将几片布重叠在一起，在图案周围用订书机钉住数处来固定。用剪刀一起裁剪。

布的染色方法

1 用汤匙取出指定比率的染料，放入白盘中。

2 加入热水，混合均匀。先用边角布染色，确认一下颜色，调节水量。

3 用镊子夹住布，蘸取步骤2中的染料。

4 放在书法纸上，待其干燥。干后颜色会变浅。如果颜色过浅，要再染一次色。

用笔刷染色的方法

1 将布染成指定的颜色，在半干的状态下，从上面开始用笔刷涂色。

2 笔刷涂色处周围的颜色会逐渐调和。

3 干后的样子。

花蕊的染色方法

1 和布的染色方法相同，用热水将染料混合均匀。

2 用花蕊蘸取染料，染色。

3 放在书法纸上等待花蕊干燥，注意不要让花蕊碰到一起。

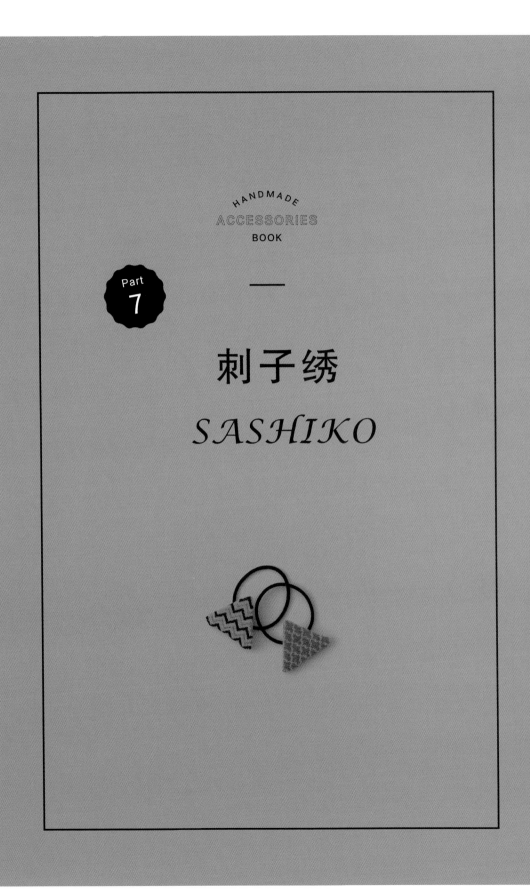

HANDMADE
ACCESSORIES
BOOK

—

Part
7

刺子绣
SASHIKO

01

02

刺子绣：01 　制作方法：**p.137**

小巾绣耳饰

在小巾绣部件上，连接金色配件，
做成时尚的耳饰。
对于时尚达人，这种造型很好搭配。

刺子绣：02 　制作方法：**p.141**

小巾绣胸针

这是北欧风情的连续花样小巾绣胸针。
无论什么季节，都可以佩戴。

成品尺寸：<Ⅰ>3.3cm×1.6cm
<Ⅱ>5cm×1.6cm
<Ⅲ>3cm×1.6cm

刺子绣：01 | **小巾绣耳饰**

材料 ※1对用量

< Ⅰ >
· 布［刺绣布（12格×12格／1cm）、深灰色］…（5cm×5cm）×2片
· 刺绣线（25号刺绣线、淡紫色）
· 包扣（16mm、无爪）…2颗
· 不织布（褐色）…5cm×5cm
· 带底座圆环（6mm、金色）…2个
· 耳钉（圆盘、6mm、银色）…1对
· 9字针（0.6mm×25mm、金色）…2根
· a. 金属片（圆形、12mm、金色）…2个
· b. 金属片（异形、9mm×8mm、金色、无光）…2个
· c. 木珠（圆形、4mm、白色）…2颗

< Ⅱ >
· 布［刺绣布（12格×12格／1cm）、灰色］…（5cm×5cm）×2片
· 刺绣线（25号刺绣线、原白色）
· 包扣（16mm、无爪）…2颗
· 不织布（褐色）…5cm×5cm

· 带底座圆环（6mm、金色）…2个
· a. 耳钉（圆盘、6mm、银色）…1对
· b. 圆环（0.6mm×4mm、金色）…2个
· c. 金属圈（扭转、12mm、金色）…2个
· d. 木珠（硬币形、13mm、白色）…2颗
· e. 金属珠（4mm、金色）…2颗
· f. T形针（0.6mm×26mm、金色）…2根

< Ⅲ >
· 布［刺绣布（12格×12格／1cm）、黑色］…（5cm×5cm）×2片
· 刺绣线（25号刺绣线、原白色）
· 包扣（16mm、无爪）…2颗
· 不织布（褐色）…（5cm×5cm）×2片
· 带底座圆环（6mm、金色）…2个
· a. 耳夹（板式、9mm、金色）…1对
· b. 圆环（0.6mm×4mm、金色）…2个
· c. 金属圈（14mm、金色）…2个
· d. 金属片（圆形、12mm、金色）…2个

工具

剪刀、防脱线液、小巾绣针、黏合剂、平嘴钳、圆嘴钳、斜嘴钳

< 图解的看法 >

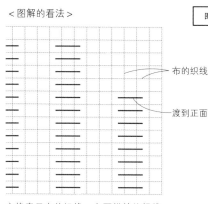

——布的织线

——渡到正面的刺绣线

方格表示布的织线，上面描绘的粗线表示渡到正面的刺绣线。粗线如果跨过2条纵线，就计作"2格"。没有画粗线的地方，刺绣线都渡在布的反面。

图案<Ⅰ>

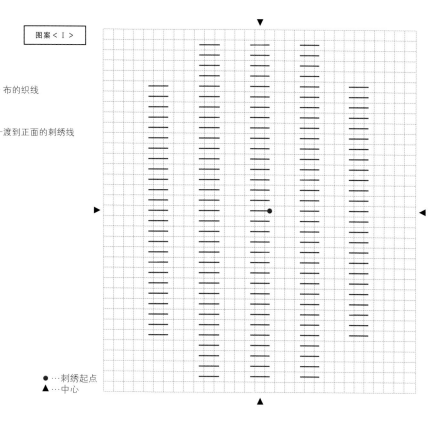

● …刺绣起点
▲ …中心

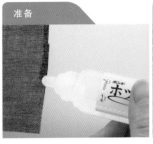

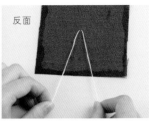

准备

1 在布的边缘涂上防脱线液。

处理刺绣起点

2 在小巾绣针上穿过3根刺绣线（参照p.018）。从布的中心反面出针（刺绣起点），隔2格入针。

3 将针抽出。从反面看的情形。

4 调整一下刺绣线，使左右两边的线同长。一边的线向刺绣起点上方刺绣，另一边的线向刺绣起点下方刺绣。

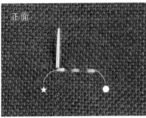

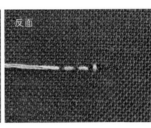

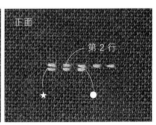

刺绣上半部分

5 翻到正面。隔3格出针，然后插入第2格。

6 和步骤5相同，再次出针、入针刺绣。从上面一行的反面出针。

7 从反面看的情形。每一行端头的针目，拉线时要稍微松一点。

8 将布翻向正面，按照p.137的图案，刺绣第2行。一边转动布，一边从右向左刺绣。

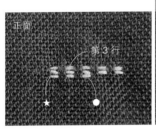

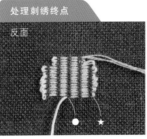

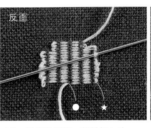

9 从刺绣起点开始绣好第3行。同样，按照图案刺绣上半部分。

处理刺绣终点

10 刺绣到上半部分的终点，从反面看是这样的。

11 松松地刺绣，将针插入边上的刺绣线。

12 和步骤11相同，将针穿入下面一行的线中。

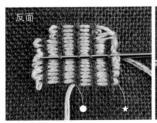

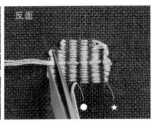

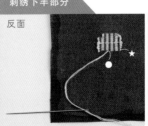

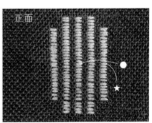

13 将针穿入布上的4根纵线。此时，注意不要穿到从正面能看到的线中。

14 用剪刀剪断线头。

刺绣下半部分

15 将刺绣起点处的另一根线头穿在针上。

16 和上半部分相同，按照图案刺绣。

反面

组合包扣

17 按照上半部分的方法，处理刺绣终点。

18 将做好小巾绣的布剪成直径3.5cm的圆形。

19 在包扣内侧涂抹黏合剂。

20 用布包住包扣，布边向内粘贴。

21 包好了。

22 再次在包扣内侧涂抹黏合剂，盖上扣片。

23 用平嘴钳按压，使其粘贴牢固。

24 扣片固定好了。

组合耳饰

带底座圆环

25 翻到正面的情形。

26 将褐色不织布剪成2片直径1.5cm的圆形。

27 将圆环的底座夹在2片不织布之间，用黏合剂粘贴。粘贴在步骤**24**的包扣上。

28 用黏合剂在不织布上粘贴耳钉。

9字针

c

a b

29 打开9字针上的针圈，挂上a、b。将c穿在9字针上，用圆嘴钳将9字针上部弯一个圆圈（参照p.016），连接圆环。

制作方法 < Ⅱ、Ⅲ >

1 参照 p.137~139，在布上
　做小巾绣，组合成包扣。

2 注意纹样的方向，按照图示
　将各个零部件连接起来。

组合方法

< Ⅱ >

（正面）　　　（反面）

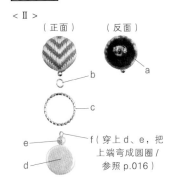

b

a

c

e

f（穿上 d、e，把
上端弯成圆圈 /
参照 p.016 ）

d

图案 < Ⅱ >

● …刺绣起点
▲ …中心

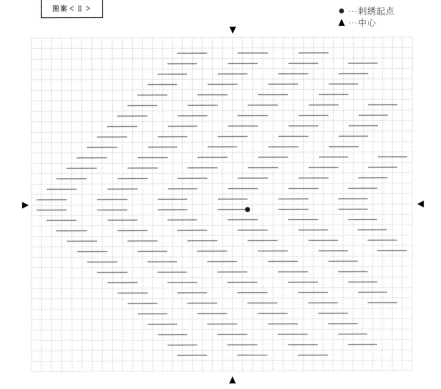

< Ⅲ >

（正面）　　　（反面）

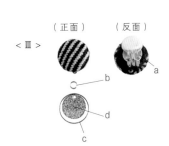

b

a

d

c

图案 < Ⅲ >

● …刺绣起点
▲ …中心

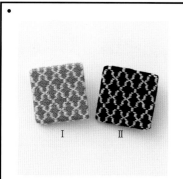

成品尺寸：3.5cm × 3.5cm

刺子绣：02　小巾绣胸针

材料

< 通用 >
・腈纶垫布
・小巾绣线（原白色）
・胸针托（别针式、20mm、金色）…1个
・不织布（白色）…3.5cm × 3.5cm
・手缝线（白色）
< Ⅰ >
・布［刺绣布（11格×11格／1cm）、灰色］…10cm × 10cm
< Ⅱ >
・布［刺绣布（11格×11格／1cm）、黑色］…10cm × 10cm

工具

剪刀、砂纸（#60）、防脱线液、小巾绣针、黏合剂、手缝针

制作方法

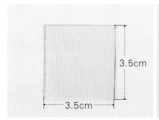

3.5cm
3.5cm

1　将腈纶垫布和不织布分别裁剪成3.5cm × 3.5cm的四边形。

2　用砂纸打磨步骤1中腈纶垫布的角部，使其变得圆润。

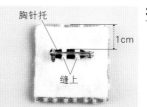

胸针托
缝上
1cm

3　参照p.137～139，在布上做小巾绣。按照p.144步骤4的方法操作。将不织布缝在胸针托上。用黏合剂粘贴在主体反面。

图案

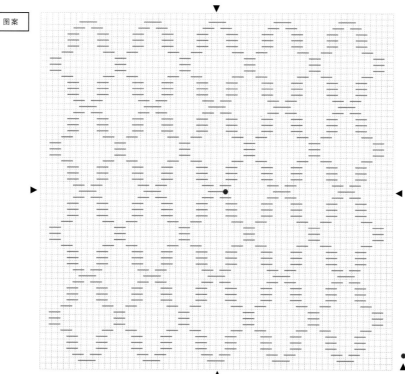

● …刺绣起点
▲ …中心

SASHIKO

既传统又现代的

小巾绣首饰

★模特佩戴的首饰：**p.143**-03、04

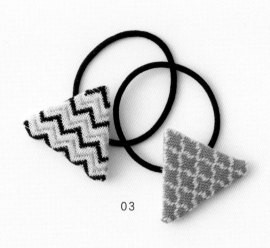

03

04

刺子绣：03 | 制作方法：**p.144**

小巾绣三角形发圈

三角形发圈上的纹样很有趣。
也很适合送给朋友当作小礼物。

刺子绣：04 | 制作方法：**p.145**

小巾绣圆形发圈

这是圆形和蝴蝶结连续纹样的发圈。
只需要掌握一个纹样的绣法，然后重复刺绣，就可以绣好。

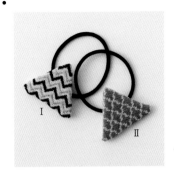

成品尺寸：三角形边长4.5cm

刺子绣：03　小巾绣三角形发圈

材料

< 通用 >
・腈纶垫布
・不织布（白色）…5cm×5cm
・发圈（松紧圈、圆盘、10mm、古典金色）…1个
< Ⅰ >
・布 [刺绣布（12格×12格/1cm）、原白色]…
　10cm×10cm
・刺绣线（25号刺绣线/藏青色、米色）
< Ⅱ >
・布 [刺绣布（12格×12格/1cm）、灰色]…
　10cm×10cm
・小巾绣线（原白色）

工具

剪刀、砂纸（#60）、防脱线液、小巾绣针、黏合剂

制作方法

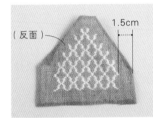

1　参照p.137~139，在布上做小巾绣。与小巾绣相隔1.5cm，裁剪布料。在布的边缘涂上防脱线液。

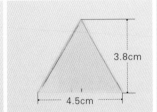

2　将腈纶垫布和不织布分别裁剪成底边4.5cm、高3.8cm的三角形。

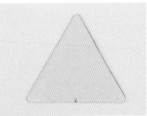

3　用砂纸打磨步骤2中腈纶垫布的角部，使其变得圆润。

4　在步骤1中布的反面放上步骤3的腈纶垫布，沿着垫布向内折叠，用黏合剂粘贴。

5　用黏合剂将不织布粘贴在步骤4部件的反面。将发圈上的金属圆盘粘贴在不织布中央。

图案 < Ⅱ >

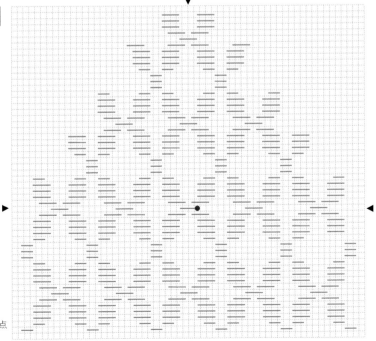

●…刺绣起点
▲…中心

★图案 < Ⅰ > 见 p.146

144

成品尺寸：直径3.5cm

刺子绣：**04** | **小巾绣圆形发圈**

材料

< I >
- 布［刺绣布（11格×11格／1cm）、黑色］…10cm×10cm
- 小巾绣线（原白色）
- 包扣（3.4cm、带爪）…1颗
- 发圈（黑色）

< II >
- 布［刺绣布（11格×11格／1cm）、原白色］…10cm×10cm
- 刺绣线（25号刺绣线/黄色、灰色）
- 包扣（3cm、带爪）…1颗
- 发圈（黑色）

< III >
- 布［刺绣布（11格×11格／1cm）、黑色］…10cm×10cm
- 刺绣线（25号刺绣线/深灰色、原白色）
- 包扣（3cm、带爪）…1颗
- 发圈（黑色）

工具

剪刀、防脱线液、小巾绣针、黏合剂

制作方法

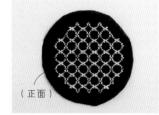

1 参照p.137~139，在布上做小巾绣。将布裁剪成直径7cm的圆形。

2 参照p.139步骤**19~21**，在包扣上涂抹黏合剂，用步骤**1**的布包住。

3 用黏合剂粘贴扣片。

4 穿上发圈。

图案< I >

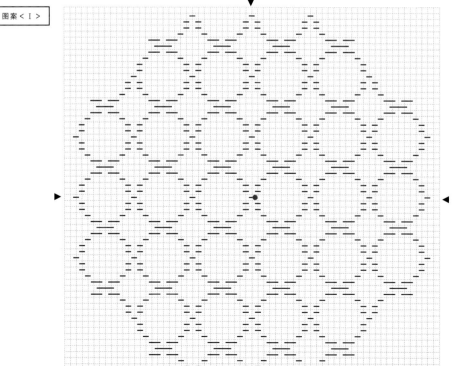

★图案< II >、III >见p.146

●…刺绣起点
▲…中心

145

图案 < I >　　(p.144)

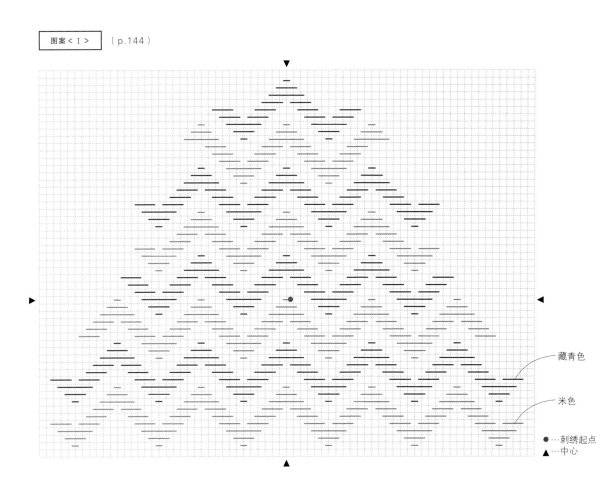

藏青色

米色

●…刺绣起点
▲…中心

图案 < II 、 III >　　(p.145)

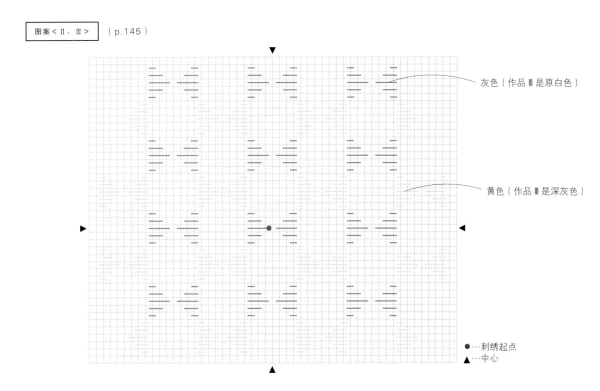

灰色（作品 III 是原白色）

黄色（作品 III 是深灰色）

●…刺绣起点
▲…中心

HANDMADE
ACCESSORIES
BOOK

Part
8

水引线

MIZUHIKI

01

02

MIZUHIKI

鲍鱼结耳坠素雅
玉结手镯华丽

水引线：01　　制作方法：**p.149**

鲍鱼结耳坠

将水引线的基本结——鲍鱼结稍加变化，
就做成了这款耳坠。
用蓝白线做搭配，营造出素雅的感觉。

水引线：02　　制作方法：**p.150**

玉结手镯

棉花珍珠搭配水引线，
做成一款华美的手镯。
既可以日常用，也可以搭配礼服。

成品尺寸：坠饰长5cm

水引线：01　鲍鱼结耳坠

材料

· 水引线（绢水引、藏青色）…45cm×4根
· 水引线（雅水引、白金色）…45cm×2根
· 树脂珍珠（圆形、4mm、奶油色）…2颗
· a. 耳夹（螺丝式、4mm、金色）…1对
· b. 圆环（0.7mm×3.5mm、金色）…6个
· c. 圆环（0.8mm×5mm、金色）…2个

工具

剪刀、平嘴钳、圆嘴钳

制作方法

编鲍鱼结

1 按藏青色、白金色、藏青色的顺序将3根水引线排列好，将★重叠在☆上，编成水滴状。

2 将★部分重叠在步骤1编好的水滴上。

3 重叠后的样子。

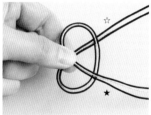

4 移开右手。

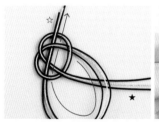

5 将☆如图中箭头所示穿过线环。

6 拉动☆，调整形状。

7 鲍鱼结的基本形状出来了。

完成水引线部件

8 将★部分外侧的2根水引线（步骤7的◇）抽出。

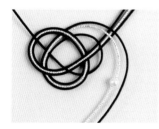

9 将珠子穿在白金色水引线上。

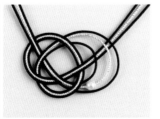

10 将2根水引线还原到步骤8所示的位置上。然后调整形状，用剪刀剪去多余的部分。

组合方法

如图所示连接各零部件（参照p.016）。

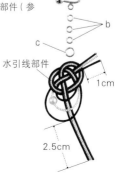

a

b

c

水引线部件

1cm

2.5cm

玉结手镯

材 料	工 具
・水引线（绢水引、白色）…45cm×1根 ・水引线（雅水引、白金色）…45cm×1根 ・手镯（金属手镯、3环、0.7mm×60mm、金色）… 1只 ・定位珠（金色）…6颗 ・半孔珠（金色）…2颗 ・a. 棉花珍珠（圆形、6mm、奶油色）…3颗 ・b. 棉花珍珠（圆形、8mm、奶油色）…1颗	剪刀、平嘴钳、黏合剂

成品尺寸：直径6.5cm

制作方法

连接各零部件

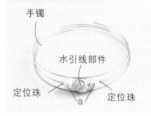

1 在手镯中间环的中央，依次穿上定位珠、a、用白金色水引线做成的玉结水引线部件（参照p.157）、a、定位珠。

2 用平嘴钳把定位珠夹扁，以固定珍珠的位置。

3 各部分固定好了。

4 在手镯的上环，依次穿上定位珠、用白色水引线做成的玉结水引线部件（参照p.157）、b、定位珠。同步骤**2**一样，把定位珠夹扁。

5 在手镯的下环，依次穿上定位珠、a、定位珠。把定位珠夹扁。

6 在手镯两端用黏合剂粘上半孔珠。

03

04

水引线：03 | 制作方法：**p.152**

菜花结耳钉

圆滚滚的菜花结耳钉。
繁复而有存在感的设计，
看起来很可爱。

水引线：04 | 制作方法：**p.153**

平梅结发圈

重叠平梅结，做出华美的发圈。
适合用于穿浴衣和休闲服装时，
打造松弛发型。

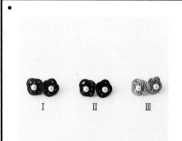

成品尺寸：1.5cm×1.5cm

材料

< 通用 >
· 金属丝（#30、金色）
· 树脂珍珠（圆形、4mm、奶油色）…2颗
· 耳钉（圆盘、4mm、金色）…1对
< Ⅰ >
· 水引线（花水引、深粉色）…45cm×2根
< Ⅱ >
· 水引线（绢水引、红豆色）…45cm×2根
< Ⅲ >
· 水引线（绢水引、灰色）…45cm×2根

工 具

剪刀、平嘴钳、斜嘴钳、黏合剂、竹签

制作方法

编菜花结

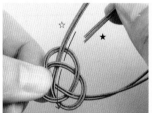

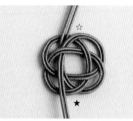

1 用2根水引线编鲍鱼结（参照p.149）。

2 将★如图中箭头所示穿过线环。

3 穿好的样子。

4 翻面，用金属丝固定步骤2中重叠在一起的部分。

完成水引线部件

5 用剪刀剪去步骤4固定处的多余部分。为了藏住裁剪口，需要注意裁剪的位置。

6 在珍珠上穿1根10cm长的金属丝。

7 在水引线之间穿上步骤6的金属丝。

8 用平嘴钳把金属丝拧5次加以固定，然后用斜嘴钳剪掉多余的部分。

9 让拧好的金属丝倒向一边。在反面中心涂抹黏合剂，粘贴在耳钉上。

水引线：04　　　平梅结发圈

材料

< 通用 >
· 发圈（松紧圈、圆盘、13mm、金色）…1个
< I >
· a. 水引线（绢水引、藏青色）…90cm×6根
· b. 水引线（绢水引、金色）…90cm×2根
< II >
· a. 水引线（绢水引、黑色）…90cm×6根
· b. 水引线（绢水引、金色）…90cm×2根
< III >
· a. 水引线（绢水引、白色）…90cm×6根
· b. 水引线（特光水引、金色）…90cm×2根

工具

剪刀、黏合剂、竹签

成品尺寸：花朵装饰3.5cm×3.5cm

制作方法

编平梅结

1 用5根水引线（a4根、b1根）编鲍鱼结，在箭头处将水引线拉出。

2 拉好的样子。

3 将★如图中箭头所示穿过线环。

4 拉紧★，稍稍留出一些空隙。

5 将☆如箭头所示穿过线环。

6 拉动☆，调整形状。用剪刀剪掉多余的水引线。平梅结编好了。

组合方法

水引线5根　　水引线3根

7 以同样的方法，用3根水引线（a2根、b1根）编平梅结。

8 用黏合剂把小平梅结水引线部件粘在大平梅结水引线部件上。

9 在反面涂抹黏合剂，粘贴在发圈上的金属圆盘上。

153

05

06

水引线：05　　制作方法：**p.156**

梅结发簪

穿古典服装时想戴上的大朵梅结发簪。
编得牢固的梅结无法解开，
因此有"永结同心"的寓意，
所以也经常用在婚礼上。

水引线：06　　制作方法：**p.157**

玉结指环

用玉结制作简单的指环。
通过调节松紧度，可以改变玉结的大小，
可以根据自己的喜好来调整尺寸。

MIZUHIKI

古典和风
温柔可人

＊模特佩戴的首饰：**p.154**－05、06

07

水引线：07　　　　制作方法：**p.158**

相生结耳环

将 2 个相生结组合在一起，
做成很有存在感的耳环。
由于水引线很轻，
做得大一些也不会给耳朵造成负担。

水引线：05 | 梅结发簪

成品尺寸：坠饰长10cm

材料

· 水引线（绢水引、红色）…45cm×5根
· 水引线（绢水引、黄色）…45cm×1根
· 金属丝（#30、金色）
· a. 发簪（U形针、80mm、金色）…1根
· b. 圆环（0.7mm×4mm、金色）…5个
· c. 链子（十字链、1.5mm、金色）…4.5cm
· d. T形针（0.6mm×30mm、金色）…2根

工具

剪刀、平嘴钳、圆嘴钳、斜嘴钳

制作方法

编梅结

1 用3根红色水引线编鲍鱼结（参照p.149）。

2 将☆穿过标斜线的地方。

3 穿好的样子。

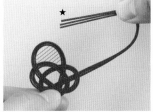

4 将★穿过标斜线的地方。

5 穿好的样子。

6 拉紧水引线。

7 翻过来，将2根水引线重叠于标记处。

8 用金属丝缠住2根水引线，固定好。然后用剪刀剪掉多余的水引线。

制作花蕊装饰

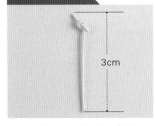

9 在黄色水引线上打一个结，剪成3cm长。按照上述方法制作5根。

10 将步骤9做好的5根结绳插入步骤8梅结的中央。

11 翻过来，用金属丝将黄色水引线和红色水引线缠在一起，固定好。

组合方法

参照图示，将各个零部件连接起来（参照p.016）。

d（穿过红色水引线做成的玉结部件，上面弯一个圆圈／参照 p.016、p.157）

水引线：**06** | 玉结指环

材料

< 通用 >
· 带托盘指环（碗托、8mm、金色）…1个
< Ⅰ >
· 水引线（绢水引、深黄色）…45cm × 1根
< Ⅱ >
· 水引线（花水引、蓝色）…45cm × 1根
< Ⅲ >
· 水引线（绢水引、红色）…45cm × 1根

工具

剪刀、黏合剂、竹签

成品尺寸：坠饰直径1cm

制作方法

编玉结

1 用1根水引线编菜花结（参照152步骤**1~3**）。将★如箭头所示穿过线环。

2 用手指抵住反面的中心部分，做成球形。

3 将★沿着菜花结内侧，上下穿插。

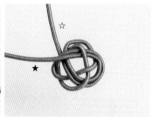

4 将★沿着内侧穿插。

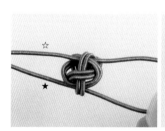

5 将★在内侧绕一圈，绕成双层。

6 以同样的方法，让☆沿着外侧缠绕，绕成3层。

7 将★沿着内侧缠绕，绕成4层，调整形状。用剪刀剪掉多余的水引线。

组合方法

8 在指环的托盘上涂抹黏合剂，粘贴上步骤**7**做成的玉结部件。

相生结耳环

成品尺寸：坠饰直径4cm

材料

< 通用 >
・金属丝（#30、金色）
・a. 耳钩（金色）…1对
・b. 圆环（0.8mm×6mm、金色）…4个
< I >
・水引线（花水引、红豆色）…45cm×4根
・水引线（绢水引、米色）…45cm×4根
< II >
・水引线（绢水引、藏青色）…45cm×4根
・水引线（绢水引、米色）…45cm×4根

工具

剪刀、平嘴钳、圆嘴钳

制作方法

编相生结

1 用2根藏青色的水引线，编鲍鱼结。（参照p.149 步骤**1~7**）

2 捏住◎处。

3 把◎处的水引线往右上方拉，●处的水引线稍微往左上方拉。

4 整体编成环状，然后进行调整。

5 将★如箭头所示穿过线环。

6 穿好的样子。

金属丝

7 用金属丝固定2根水引线，剪掉多余的部分。

8 按照上述方法，再用2根米色水引线制作一个圆环。稍稍拉紧一些，尺寸比藏青色的稍微小一些。
※作品 I 制作方法相同

组合方法

参照图示，将各个零部件连接起来（参照p.016）。

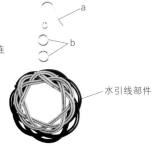

a

b

水引线部件

Kiitos

p.020~031

擅长制作以金色系为主、简单高雅且极具女人味的成人首饰。着力于制作"让生活更加开心"的小饰品，佩戴在身上让人不禁怦然心动。

fleur de noël

p.032~048

首饰作家。其首饰品牌 fleur de noël 在网店销售。擅长使用珍珠、怀旧素材等制作古典风格的首饰。

nekaa

p.050~063

住在香川县，主要在四国岛活动，并进行网络销售。以制作"自然多彩，佩戴时开心的饰品"为理念，打造手工制作的精品。

Hal-mono

p.064~078

热缩片作家，插画家。每一件作品都有自己的故事，致力于制作让人忍不住嘴角上扬的热缩片饰品。她的手作网课很受欢迎。

tassel de sica

p.080~088

在担任建筑设计师后，以流苏作家（tassel de sica）的身份进行活动。以"只有用流苏才能表现的季节感"为主题进行创作。著有《流苏首饰和小物》（日本宝库社）。

hanaaoi

p.090~102

刺绣作家，喜欢线和针创造出来的色彩缤纷的刺绣世界。带着享受日常生活中的小幸福以及用有温度的刺绣装饰生活的愿望进行创作。

gris

p.103~112

从小就对制作东西感兴趣。在拜访婆婆的老家时，在壁橱里偶然看见了祖母刺绣的作品，并对那种风格一见钟情。她继承了祖母留下的刺绣线，开始了自己的刺绣生涯。2018年创立gris，直到现在。

kotoriko

p.116~133

布花作家。从2018年2月开始作为kotoriko开始活动。以制作胸针、耳环为主，使用染成柔和色调的布制作布花。

AYAKOGIN

p.136~146

在想制作儿童用品的时候开始接触小巾绣，然后开始作为小巾绣作家活动。以北欧风格图案和简约图案为主，制作便于搭配的小巾绣风格的小物。

HAKOYA

p.148~158

以"使过去焕然一新"为主题，使用日本自古以来在婚丧嫁娶场合使用的水引线，制作不局限于和服配饰、平时也可以使用的饰品。希望能让人感受到水引线柔美的色调和手感。

严禁复制和出售（无论商店还是网店等任何途径）本书中的作品。

版权所有，翻印必究

备案号：豫著许可备字–2020–A–0013

图书在版编目（CIP）数据

设计师款时尚小饰品150种 / 日本宝库社编著；如鱼得水译. –– 郑州：

河南科学技术出版社, 2024. 8. ––ISBN 978–7–5725–1426–5

Ⅰ. TS973.5

中国国家版本馆CIP数据核字第2024EE4680号

出版发行：河南科学技术出版社

地址：郑州市郑东新区祥盛街27号　　邮编：450016

电话：（0371）65737028　65788613

网址：www.hnstp.cn

责任编辑：刘淑文

责任校对：王晓红

封面设计：张　伟

责任印制：张艳芳

印　　刷：河南新达彩印有限公司

经　　销：全国新华书店

开　　本：787 mm×1 092 mm　1/16　印张：10　字数：310千字

版　　次：2024年8月第1版　　2024年8月第1次印刷

定　　价：69.00元

如发现印、装质量问题，影响阅读，请与出版社联系并调换。